云计算环境中计算机网络信息安全研究

刘国强　蒋鹏　张克旺　著

延吉・延边大学出版社

图书在版编目（CIP）数据

云计算环境中计算机网络信息安全研究 / 刘国强，蒋鹏，张克旺著. 延吉 : 延边大学出版社，2024. 6.
ISBN 978-7-230-06711-9

Ⅰ. TP393.08

中国国家版本馆CIP数据核字第2024FD4698号

云计算环境中计算机网络信息安全研究

YUNJISUAN HUANJING ZHONG JISUANJI WANGLUO XINXI ANQUAN YANJIU

著　　者：刘国强　蒋鹏　张克旺
责任编辑：李　磊
封面设计：文合文化
出版发行：延边大学出版社
社　　址：吉林省延吉市公园路977号　　邮　　编：133002
网　　址：http://www.ydcbs.com　　E-mail：ydcbs@ydcbs.com
电　　话：0433-2732435　　传　　真：0433-2732434
印　　刷：廊坊市海涛印刷有限公司
开　　本：787mm×1092mm　1/16
印　　张：9.75
字　　数：200 千字
版　　次：2024 年 6 月 第 1 版
印　　次：2024 年 6 月 第 1 次印刷
书　　号：ISBN 978-7-230-06711-9

定价：70.00元

前　言

计算机网络是信息社会的基础，影响着经济、文化、军事和社会生活的方方面面。网络本身具有一定的开放性，虽然其给我们的日常生产、生活带来了巨大的便利，但也带来了一系列严峻的考验。其中，网络信息安全越来越受到人们的重视。针对网络信息安全，世界各国都出台了相关法律法规，并且研发了各种各样的技术来抵抗网络信息安全威胁。云计算作为一种新兴技术，在给计算机网络信息安全提供机遇的同时也带来了诸多挑战，如何在云计算环境中构建更完善的计算机网络信息安全体系值得我们深入研究。

基于此，笔者编写了《云计算环境中计算机网络信息安全研究》一书。全书共分为五章，第一章对云计算与云计算环境进行了介绍，第二章对计算机网络信息安全进行了介绍，第三章分析了计算机网络信息安全相关技术，第四章对云计算环境中计算机网络信息安全风险进行了分析，第五章对云计算环境中的领域安全和数据库安全进行了介绍。

在编写本书的过程中，笔者搜集、查阅和整理了大量文献资料，在此对学界同仁和所有为此书编写工作提供帮助的人员致以衷心的感谢。由于笔者水平有限，书中难免存在不足之处，恳请各位专家、学者及广大读者提出宝贵意见。

笔者

2024 年 3 月

目　录

第一章　云计算与云计算环境

第一节　云计算概述

一、云计算的定义

云计算是一种 IT（information technology，信息技术）基础设施的变迁，如何准确地定义它呢？事实上，很难用一句话说清楚到底什么才是真正的云计算。

维基百科对云计算的解释是，云计算是一种新的基于互联网的资源利用方式，可依托互联网上异构、自治的服务为用户提供按需即取的计算。由于资源在互联网上，而在计算机流程图中互联网常以一个云状图案表示，所以可以将互联网形象地类比为“云”，云同时是对底层基础设施的一种抽象概念。

加利福尼亚大学伯克利分校的学者将云计算定义为：云计算包含互联网上的应用服务及在数据中心提供这些服务的软、硬件设施。互联网上的应用服务一直被称作 SaaS（software as a service，软件即服务），而数据中心的软、硬件设施就是所谓的“云”。

江南计算技术研究所的司品超等学者认为，云计算是一种新兴的共享基础架构的方法，它统一管理大量的物理资源，并将这些资源虚拟化，形成一个巨大的虚拟化资源池。云是一类并行和分布式的系统，这些系统由一系列互联的虚拟计算机组成。这些虚拟计算机是基于服务级别协议（提供服务的企业与客户就服务的品质、要求等方面所达成的双方共同认可的协议或契约）被动态部署的，并且作为一个或多个统一的计算资源存在。

看了这几个定义后，我们对云计算有了大概的了解。其实云计算到底是什么，还取决于人们的兴趣点。不同的人对云计算有不同的理解。我们可以把与云计算有关的人分为三类：云计算服务的使用者、云计算系统规划设计的开发者和云计算服务的提供者。

从云计算服务的使用者角度来看，云计算可以用图来形象地表达。如图 1-1 所示，云非常简单，一切都在云里面，它可以为使用者提供云计算、云存储以及各类应用服务。

云计算的使用者不需要关心云里面到底是什么、云里面的 CPU（central processing unit，中央处理器）是什么型号的、硬盘的容量是多少、服务器在哪里、计算机是怎么连接的、应用软件是谁开发的等问题，其关心的是云随时随地可以接入、有无限的存储空间可供使用、有无限的计算能力为其提供安全可靠的服务和按实际使用情况计量付费。云计算最典型的应用就是基于互联网的各类业务。云计算的成功案例包括谷歌的搜索、在线文档 Google Docs、基于互联网的电子邮件系统 Gmail，微软的 MSN Messenger、Outlook 和必应搜索，亚马逊的 EC2（elastic compute cloud，弹性计算云）和 S3（simple storage service，简单存储服务）业务等。

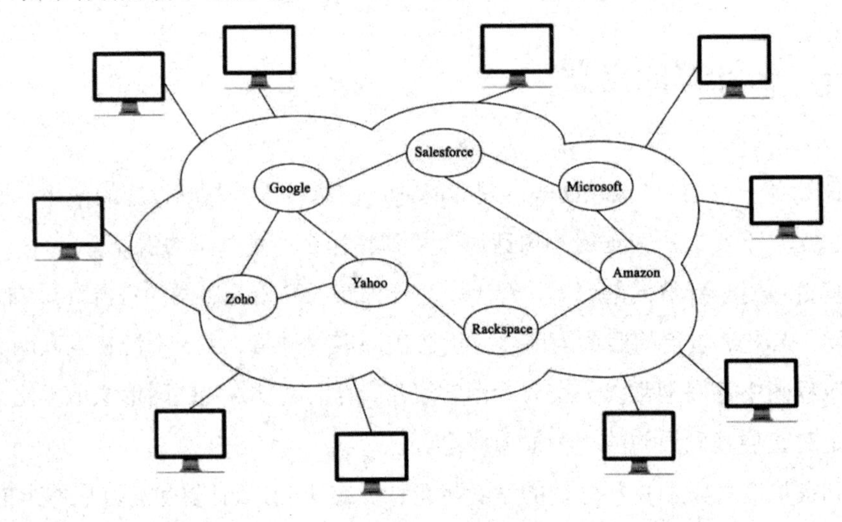

图 1-1　云计算结构

简单来说，云计算是以应用为目的，通过互联网将大量必需的软、硬件按照一定的形式连接起来，并且随着需求的变化而灵活调整的一种低消耗、高效率的虚拟资源服务的集合形式。相比物联网对原有技术进行升级的特点，云计算更有“创造”的意味。它借助不同物体间的相关性，将不同的事物有效联系起来，从而创造出新的功能。

二、有关概念

云计算是效用计算（utility computing）、并行计算（parallel computing）、分布式计算（distributed computing）、网格计算（grid computing）、自主计算（autonomic computing）等传统计算机和网络技术发展融合的产物。云计算的基本原理是令计算分布在大量的分布式计算机上，而非本地计算机或远程服务器中，从而使企业数据中心的运行与互联网相似。

（一）效用计算

效用计算是一种提供计算资源的商业模式，用户从计算资源供应商处获取和使用计算资源，并基于实际使用的资源付费。效用计算主要给用户带来经济效益，是一种分发应用所需资源的计费模式。相较于效用计算，云计算是一种计算模式，在这种模式中，应用、数据和 IT 资源以服务的方式通过网络提供给用户使用。

（二）并行计算

并行计算是指同时使用多种计算资源解决计算问题的过程。并行计算是为了更快速地解决问题、更充分地利用计算资源而出现的一种计算方法。

并行计算将一个科学计算问题分解为多个小的计算任务，并在并行计算机中执行这些小的计算任务，利用并行处理的方式达到快速解决复杂计算问题的目的，它实际上是一种高性能计算。

并行计算的缺点是，由被解决的问题划分出的模块是相互关联的，如果其中一个模块出错，就会影响其他模块，而重新计算会降低运算效率。

（三）分布式计算

与并行计算同理，分布式计算把一个需要巨大的计算量才能解决的问题分解成许多小的部分，然后把这些小的部分分配给多个计算机进行处理，最后把这些计算结果综合起来得到最终的正确结果。与并行计算不同的是，分布式计算所划分的任务相互之间是独立的，某一个小任务出错不会影响其他任务。

（四）网格计算

网格计算强调资源共享，任何人都可以作为请求者使用其他节点的资源，同时需要贡献一定资源给其他节点。网格计算强调将工作量转移到远程的可用计算资源上。而云计算强调专有，任何人都可以获取自己的专有资源，并且这些资源是由少数团体提供的，使用者不需要贡献自己的资源。网格计算侧重并行的集中性计算需求，并且难以自动扩展；云计算侧重事务性应用、大量的单独的请求，可以实现自动或半自动扩展。

（五）自主计算

自主计算是美国 IBM（International Business Machines Corporation，国际商业机器公司）于 2001 年 10 月提出的。

IBM 将自主计算定义为“能够保证电子商务基础结构服务水平的自我管理技术”。其最终目的在于使信息系统能够自动地对自身进行管理，并维持其可靠性。

自主计算的核心是自我监控、自我配置、自我优化和自我恢复。自我监控，即系统能够知道系统内部每个元素当前的状态、容量以及它所连接的设备等信息；自我配置，即系统配置能够自动完成，并能根据需要自动调整；自我优化，即系统能够自动调度资源，以达到系统运行的目标；自我恢复，即系统能够自动从常规和意外的灾难中恢复。

事实上，许多云计算部署依赖计算机集群（但与网格计算的组成、体系结构、目的、工作方式大相径庭），也吸收了自主计算和效用计算的特点。它旨在通过网络把多个成本相对较低的计算实体整合成一个具有强大计算能力的完美系统，并借助一些先进的商业模式把这个具有强大计算能力的系统分布到终端用户手中。

三、云计算的部署模式

（一）私有云

私有云是指企业自己使用的云，它所有的服务不是供别人使用，而是供企业内部人员或分支机构使用。它一般由有众多分支机构的大型企业或政府部门组建，是政府、企业部署 IT 系统的主流模式。相较于公有云，私有云独有的优势是统一管理计算资源，动态分配计算资源。建立私有云要购买基础设施、构建数据中心，要有一定的人员来运营维护，成本较高。因私有云只为内部人员提供良好的云服务，其本身的规模有限，所以在几种云计算部署模式中，其所面临的安全风险较小。

私有云的网络、计算以及存储等基础设施都是为单独机构所独有的，并不与其他机构分享（如为企业用户单独定制的云计算）。由此，私有云出现了多种服务模式。

①专用的私有云运行在用户拥有的数据中心或者相关设施上，并由内部 IT 部门

操作。

②团体的私有云位于第三方位置，在定制的 SLA（service level agreement，服务等级协议）及其他安全与合规的条款约束下，由供应商拥有、管理并操作。

③托管的私有云的基础设施由用户所有，并托管给云计算服务提供商。

大体上，在私有云计算模式下，安全管理以及日常操作是由内部 IT 部门或者基于 SLA 合同的第三方进行的。这种直接管理模式的好处在于，私有云用户可以高度管控私有云基础设施的物理安全和逻辑安全。这种高度的可控性和透明度，使得企业容易实现其安全标准、策略。

（二）公有云

公有云指为外部客户提供服务的云，它所有的服务都是供别人使用的。

目前，公有云多由大型运营组织建立和运营维护，它们拥有大量计算资源，并对外提供云计算服务，使用者可节省大量成本，不用自建数据中心，也不用自行维护，只需要按需租用付费即可。

公有云模式具有较高的开放性，对于使用者而言，公有云的最大优点是其所应用的程序、服务及相关数据都存放在公共云的提供者处，用户不用进行投资和建设。而其最大的缺点是，由于数据没有存储在自己的数据中心，用户几乎没有对数据和计算的控制权，公有云的可用性不受使用者控制，其安全性存在一定风险。故和私有云相比，公有云所面临的数据安全威胁更为突出。

（三）混合云

混合云由至少两种云组成，是供企业自身和客户共同使用的云，它所提供的服务既可以供企业自身使用，也可以供客户使用。

在混合云模式中，每种云保持独立，相互间又紧密相连，每种云之间具有较强的数据交换能力。企业会把私密数据存储到私有云，将重要性不高、保密性不强的数据和计算存储到公有云。当计算和处理需求波动时，混合云使企业能够将其本地基础结构无缝扩展到公有云以处理任何溢出，而不用授予第三方数据中心访问其整个数据的权限。企业可获得公有云在基本和非敏感计算任务方面的灵活性和计算能力，同时可以配置防火墙来保护关键业务应用程序和本地数据的安全。

通过使用混合云，企业不仅扩展了计算资源，还节约了因满足短期需求高峰而产生的大量资本支出，同时满足了释放本地资源以获取更多敏感数据或应用程序的需要。企业仅需要根据其暂时使用的资源付费，而不必购买和维护可能长时间闲置的额外资源和设备。混合云具有云计算的所有优势，包括灵活性、可伸缩性等，同时尽可能降低了数据暴露的风险。

第二节　云计算的架构

一、基础设施即服务（IaaS）

（一）IaaS 概述

要实现信息化，不仅需要一系列的应用软件来处理应用的业务逻辑，而且需要将数据以结构化或非结构化的形式保存起来，同时需要构造应用软件与使用者之间的桥梁，使使用者可以使用应用软件来获取或保存数据。这些应用软件需要一个完整的平台以支撑其运行，这个平台通常既包括网络、服务器和存储系统等构成企业 IT 系统的硬件环境，也包括操作系统、数据库、中间件等基础软件。这个由 IT 系统的硬件环境和基础软件共同构成的平台称为 IT 基础设施。IaaS（infrastructure as a service，基础设施即服务）将这些硬件和基础软件以服务的形式交付给用户，使用户可以在这个平台上安装部署各自的应用系统。

1.IaaS 的定义

IaaS 是将 IT 基础设施能力（如服务器、存储空间、计算能力等）通过网络提供给用户使用，并根据用户对资源的实际使用量或占有量进行计费的一种服务。因此，IaaS 通常包括以下内容：

①网络和通信系统提供的通信服务；

②服务器设备提供的计算服务；

③数据存储系统提供的存储服务。

2.IaaS 提供服务的方法

首先，IaaS 的提供者会依照其希望提供的服务建设相应的资源池，即通过虚拟化或服务封装的手段，将 IT 设备可提供的各种能力，如通信能力、计算能力、存储能力等，构建成资源池。在资源池中，这种能力可以被灵活地分配。

其次，由一种资源池提供的服务较单一，不能直接满足应用系统的运行要求，IaaS 提供者需对几种资源池提供的服务进行组合，包装成 IaaS 产品。例如，一个虚拟化服务器产品可能需要来自网络和通信服务的 IP（Internet protocol，互联网协议）地址和虚拟局域网标识符，需要来自计算服务的虚拟化服务器，需要来自存储服务的存储空间，还可能需要来自软件服务的操作系统。

最后，IaaS 提供者还需要将能够提供的服务组织成 IaaS 目录，以说明能够提供何种 IaaS 产品，使 IaaS 使用者可以根据应用系统运行的需要选购 IaaS 产品。

IaaS 提供者通常以产品包的形式向 IaaS 使用者交付 IaaS 产品。产品包可能很小，也可能很大，小到一台运行某种操作系统的服务器，大到囊括支持应用系统运行的所有基础设施。IaaS 使用者可以像使用直接采购的物理硬件设备和软件设备一样使用 IaaS 提供者提供的服务产品。

3.IaaS 的特征

作为云服务的一种类型，IaaS 同样具备云服务的特征，同时具有自身的特点。

（1）随需自服务

对于 IaaS 的使用者，从选择 IaaS 产品、发出服务订单、获取和使用 IaaS 产品，到注销不再需要的产品，都可以通过自助服务的形式进行。对于 IaaS 的提供者，从 IaaS 订单确认、服务资源的分配、服务产品的组装生产，到服务包的交付，对 Iaas 全生命周期的管理都使用了自动化的管理工具，可以随时响应使用者提出的请求。

（2）广泛的网络接入

获取和使用 IaaS 都需要通过网络进行，网络成为连接服务提供者和使用者的纽带。同时，在云服务广泛存在的情况下，IaaS 的提供者也会是服务的使用者，支撑 IaaS 的应用系统运行在云端，IaaS 的提供者可以通过网络获取其他提供者提供的各种云服务，以丰富自身的产品目录。

（3）快速扩展

在资源池化后，用户所需要或订购的能力和资源池能够提供的能力相比较是微不足道的。因此，对某个用户来说，资源池的容量是无限的，其可以随时获得所需的能力。资源池的容量一部分来自底层的硬件设施，这些设施可以随时采购，不会过多受到来自应用系统需求的制约，另一部分可能来自其他云服务的提供者。资源池可以整合多个提供者的资源为用户提供服务。

4.服务器虚拟化和 IaaS 的关系

服务器虚拟化与 IaaS 既有密切的联系又有本质的区别，不能混为一谈。服务器虚拟化是一种虚拟化技术，它将一台或多台物理服务器的计算能力组合在一起，组成计算资源池，并能够从计算资源池中分配适当的计算能力重新组成虚拟化的服务器。服务器虚拟化、网络虚拟化及存储虚拟化都是数据中心常见的虚拟化技术。

IaaS 是一种业务模式，它以服务器虚拟化、网络虚拟化、存储虚拟化等各种虚拟化技术为基础，向云用户提供各种类型的服务。为了达到这一目的，IaaS 的运营者需要对通过各种虚拟化技术构成的资源池进行有效的管理，并能够向云用户提供清晰的服务目录以说明 IaaS 能够提供的服务，同时能够对已经交付给云用户的服务进行监控与管理，以满足 SLA 需求。这些工作都属于 IaaS 业务管理体系的内容。由此可见，IaaS 较服务器虚拟化具有更多的内容。

服务器虚拟化是 IaaS 的关键技术之一，通常也是 IaaS 建设过程中的第一个关键步骤，很多企业都希望从服务器虚拟化入手进行 IaaS 建设。在服务器虚拟化建设完成后，要达到 IaaS 的建设目标还要完成 IaaS 的业务管理体系建设等工作。

（二）IaaS 架构

IaaS 可以采用资源池构建、资源调度服务封装等手段，将资源池化，实现由 IT 资产向 IT 资源按需服务的迅速转变。通常，IaaS 架构主要分为资源层、虚拟化层、管理层和服务层。

1.资源层

位于架构最底层的是资源层，主要包含数据中心所有的物理设备，如硬件服务器、网络设备、存储设备及其他硬件设备。位于资源层中的资源不是独立的物理设备个体，而是由众多物理设备组成的一个集中的资源池。因此，资源层中的所有资源将以池化的形式出现。这种汇总或者池化，不是物理上的，而是概念上的，指的是资源池中的各种资源都可以由 IaaS 的管理者进行统一的、集中的运行维护和管理，并且可以按照需要随意地进行组合，形成一定规模的计算资源或者计算能力。资源层的主要资源如下：

（1）计算资源

计算资源指的是数据中心各类计算机的硬件配置，如机架式服务器、刀片服务器、工作站、桌面计算机和笔记本等。在 IaaS 架构中，计算资源是一个大型资源池，不同于传统数据中心的是，计算资源可动态、快速地重新分配，并且不需要中断应用或者业务。不同时间，同一计算资源可被不同的应用或者虚拟机使用。

（2）存储资源

存储资源一般分为本地存储资源和共享存储资源。本地存储资源指的是直接连接在计算机上的磁盘设备，如 PC（personal computer，个人计算机）普通硬盘、服务器高速硬盘、外置 USB（universal serial bus，通用串行总线）接口硬盘等；共享存储资源一般指的是 NAS（network attached storage，网络附属存储）、SAN（storage area network，存储区域网络）或者 iSCSI（Internet small computer system interface，互联网小型计算机系统接口）设备，这些设备通常由专用的存储厂提供。在 IaaS 架构中，存储资源除了用于存放应用数据或者数据库，更主要的作用是存放大量的虚拟机。而且，在合理设计的 IaaS 架构中，由于应用的高可用性、业务连续性等，虚拟机一般都会存放在共享存储资源上，而不是本地存储资源中。

（3）网络资源

网络资源一般分为物理网络和虚拟网络。物理网络指的是 NIC（network interface controller，网络接口控制器）连接物理交换机或其他网络设备的网络。虚拟网络是人为建立的网络连接，其连接的另一方通常是虚拟交换机或者虚拟网卡。为了适应架构的复杂性，满足多种网络架构的需求，IaaS 架构中的虚拟网络可以具有多种功能。虚拟网络资源往往带有物理网络的特征，如可以为其指定虚拟局域网标识符、允许虚拟网络划分虚拟子网等。

2.虚拟化层

位于资源层之上的是虚拟化层。虚拟化层的作用是按照用户或者业务的需求，从资源池中选择资源并打包，从而形成虚拟机，应用于不同规模的计算。如果从池化资源层中选择了两个物理 CPU、4 GB 的物理内存、100 GB 的存储空间，便可以将以上资源打包，形成一台虚拟机。虚拟化层是实现 IaaS 的核心模块，位于资源层与管理层中间，包含各种虚拟化技术，其主要作用是使 IaaS 架构实现最基本的虚拟化。

针对虚拟化平台，IaaS 应该具备完善的运行维护和管理功能。这些管理功能以虚拟化平台中的内容及各类资源为主要操作对象，对虚拟化平台加以管理的目的是保证虚拟化平台的稳定运行、随时了解平台的运行状态以及使用户可以随时顺畅地使用平台上的资源。虚拟化平台所需要的资源包括物理资源及虚拟资源，如虚拟机镜像、虚拟磁盘、虚拟机配置文件等。虚拟化层的主要功能包括：

①对虚拟化平台的支持；

②虚拟机管理（创建、配置、删除、启动、停止等）；

③虚拟机部署管理（克隆、迁移等）；

④虚拟机高可用性管理；

⑤虚拟机性能及资源优化；

⑥虚拟网络管理；

⑦虚拟化平台资源管理。

正是因为有了虚拟化技术，人们才可以灵活地使用物理资源构建不同规模、不同能力的计算资源，并可以动态灵活地对这些计算资源进行调配。

3.管理层

虚拟化层之上为管理层。管理层主要对下面的资源层进行统一的维护和管理，包括收集资源的信息，了解每种资源的运行状态和性能情况，决定如何借助虚拟化技术选择、打包不同的资源以及如何保证打包后的计算资源——虚拟机的高可用性或者如何实现负载均衡，等等。一方面，管理层可以帮助管理者了解虚拟化层和资源层的运行情况以及计算资源的对外提供情况；另一方面，也是更重要的一点，管理层可以保证虚拟化层和资源层的稳定、可靠，从而为最上层的服务层打下坚实的基础。

管理层的构成包括以下几个部分：

（1）资源配置模块

资源配置模块是处理资源层主要管理任务的模块。管理者可以通过资源配置模块方便、快速地建立不同的资源，包括计算资源、网络资源和存储资源，还可以按照不同的需求灵活地分配资源、修改资源分配情况等。

（2）系统监控平台

在 IaaS 架构中，管理层位于虚拟化层与服务层之间。管理层的主要任务是对整个 IaaS 架构进行维护和管理。因此，系统监控平台负责的内容非常广泛，主要有配置管理、数据保护、系统部署和系统监控。

（3）数据备份与恢复平台

数据备份与恢复平台的作用是帮助 IT 运行、维护，管理者按照提前制订好的备份计划，进行各种数据备份，并在需要的时候恢复这些备份数据。

（4）系统运行、维护中心平台

IaaS 架构中包含各种各样的专用模块。这些模块需要一个总的接口，一方面能够连接到所有的模块，对其进行控制，得到各个模块的返回值，从而实现交互；另一方面能够提供人机交互界面，便于管理者进行操作、管理。这就是 IaaS 中的系统运行、维护中心平台。

4.服务层

服务层位于整体架构的最上层。服务层主要向用户提供使用管理层、虚拟化层、资源层的良好接口。不论是通过虚拟化技术将不同的资源打包形成虚拟机，还是动态调配这些资源，IaaS 的管理者和用户都需要统一的界面来进行跨越多层的复杂操作。用户可对资源进行综合监控管理。

①服务器资源信息是对用户所拥有的服务器信息的一览，用户可以直观地看到服务器所处的状况。

②应用程序信息是关于用户在自己服务器上安装的应用程序的信息，用户可以直观地看到应用程序的状况。

③资源统计信息是对用户拥有的资源信息的汇总。

④系统报警信息是对系统警告内容的汇总。

另外，所有基于资源层、虚拟化层、管理层，但又不限于这几层资源的运行、维护和管理任务，将包含在服务层中。这些任务在面对不同业务时往往有很大差别，其中比较多的是自定义、个性化因素，如用户账号管理、用户权限管理、虚拟机权限设定及其他各类服务。

（三）IaaS 管理

IaaS 需要对经过虚拟化的资源进行有效整合，形成可统一管理、灵活分配调度、动态迁移、计费度量的基础服务设施资源池，并按需向用户提供自动化服务，因而需要对基础设施进行有效管理。

1.自动化部署

自动化部署包含两部分的内容，一部分是在物理机上部署虚拟机，另一部分是将虚拟机从一台物理机迁移到另一台物理机。前者是初次部署，后者是迁移。

（1）初次部署

虚拟化的好处在于能够通过对 IT 资源的动态分配来降低成本。为了提高物理资源的利用率，降低系统运营成本，自动化部署要合理地选择目标物理服务器。需要考虑的因素通常包括以下几点：

①尽量不启动新的物理服务器。为了降低能源开销，应该尽量将虚拟机部署到已经部署了其他虚拟机的物理服务器上，尽量不启动新的物理服务器。

②尽可能让 CPU 和 I/O（input/output，输入/输出）资源互补。有的虚拟机所承载的业务是 CPU 消耗型的，也有的虚拟机所承载的业务是 I/O 消耗型的，应通过算法让两种不同类型的业务尽可能分配到同一台物理服务器上，以最大化地利用该物理服务器的资源；也可以在物理服务器层面上进行定制，将物理服务器分为 I/O 消耗型、CPU 消耗型及内存消耗型，然后在用户申请虚拟机的时候配置虚拟机的资源消耗类型，最后根据资源消耗类型将虚拟机分配到物理服务器上。

在实际部署过程中，如果让用户安装操作系统则费时费力。为了简化部署过程，系统模板应运而生。系统模板其实就是一个预装了操作系统的虚拟磁盘映像，用户只要在启动虚拟机时挂接映像，就可以使用操作系统。

（2）迁移

当一台服务器需要维护，或者服务器上的虚拟机由于资源限制而应迁移到另一台物理机上时，系统通常要满足两个条件，即虚拟机自身能够支持迁移功能、物理服务器之间有共享存储。虚拟机实际上是一个进程，该进程由两部分构成，一部分是虚拟机操作系统，另一部分则是该虚拟操作系统所用到的设备。虚拟操作系统其实是一大片内存，因此迁移虚拟机就是迁移虚拟机操作系统所处的整个内存，并且使整个外部设备全部迁移，使操作系统感觉不到外部设备发生了变化。这就是迁移的基本原理。

2.弹性能力提供技术

通常，用户在构建新的应用系统时，都会按照负载的最高峰值来进行资源配置，而系统的负载在大部分时间都处于较低的水平，这就产生了资源浪费。但如果按照平均负载进行资源配置，一旦应用达到高峰负载，系统将无法正常提供服务，影响应用系统的可用性及用户体验。所以，平衡资源利用率和保障应用系统这两个方面之间总是存在着矛盾。云计算以其弹性能力提供技术正好可以解决这种矛盾。弹性能力提供技术通常有以下两种模式：

（1）资源向上/下扩展（scale up/down）

资源向上扩展是指当系统资源负载较高时，通过动态增大系统的配置，包括 CPU、内存、硬盘、网络带宽等，来满足应用对系统资源的需求。资源向下扩展是指当系统资源负载较低时，通过动态缩小系统的配置来提高系统的资源利用率。小型机通常采用这种模式进行扩展。

（2）资源向外/内扩展（scale out/in）

资源向外扩展是指当系统资源负载较高时，通过创建更多的虚拟服务器来提供服务，分担原有服务器的负载。资源向内扩展是指当由多台虚拟服务器组成的集群系统资源负载较低时，通过减少集群中虚拟服务器的数量来提升整个集群的资源利用率。通常所说的云计算就是采用这种模式进行扩展的。为了实现弹性能力的提供，管理者需要首先设定资源监控阈值（包括监控项目和阈值）、弹性资源提供策略（包括弹性资源提供模式、资源扩展规模等），然后对资源监控项目进行实时监测。当发现超过阈值时，系统将根据设定的弹性资源提供策略进行资源的扩展。

对于资源向外/内扩展，由于其是通过创建多个虚拟机来扩展资源的，所以需要解决如下问题：虚拟机文件的自动部署问题，即将原有虚拟机文件复制，生成新的虚拟机文件，并在另一台物理服务器中运行；多台虚拟机的负载均衡问题。解决负载均衡问题有两种方式：一种是由应用自身实现负载均衡，即应用中有一些节点不负责具体的请求处理，而是负责请求的调度；另一种是由管理平台来实现负载均衡，即用户在管理平台上配置好均衡的策略，管理平台根据预先配置的策略对应用进行监控，一旦某监控值超过阈值，则系统自动调度另一台虚拟机加入该应用，并将一部分请求导入该虚拟机以便进行分流，或者当流量低于某一阈值时自动回收一台虚拟机，减少应用对虚拟机的占用。

3.资源监控

（1）资源监控的内容

虚拟化技术的引入，需要新的工具监控虚拟化层，保障IT设施的可用性、可靠性、安全性。传统资源监控的主要对象是物理设施（如服务器、存储器、网络）、操作系统、应用与服务程序。由于虚拟化技术的引入，资源可以动态调整，因此系统监控的复杂性提高。资源监控的内容有：

①状态监控。状态监控是指监控所有物理资源和虚拟资源的工作状态，包括物理服务器、虚拟化软件VMM（virtual machine manager，虚拟机管理器）、虚拟服务器物理交换机与路由器、虚拟交换机与路由器、物理存储与虚拟存储等。

②性能监控。IaaS虚拟资源的性能监控分为两个部分，即基本监控和虚拟化监控。基本监控主要是指从虚拟机操作系统VMM的角度来监视与度量CPU、内存、存储器、网络等设施的性能。与虚拟化相关的监控主要提供关于虚拟化技术的监控度量指标，如虚拟机部署的时间、迁移的时间、集群性能等。

③容量监控。当前企业对IT资源的需求不断变化，这就需要做出长期准确的IT系统规划。因此，容量监控是一种从整体、宏观的角度长期进行的系统性能监控。

④安全监控。IaaS环境中除存在传统的IT系统安全问题，虚拟化技术的引入也带来了新的安全问题，虚拟机蔓生现象使虚拟化层面临安全威胁。

⑤使用量度量。为了使IaaS具备可运营的条件，运营商需要度量不同组织、团体、个人使用资源和服务的情况，有了这些度量信息，便可以生成结算信息和账单。

因为当前流行的虚拟化软件种类很多，所以在开发虚拟化资源池监控程序时需要一个支持主流虚拟化软件的开发库，它能够与不同的虚拟化程序交互，收集监控度量信息。监控系统会将收集到的信息保存在历史数据库中，为容量规划、资源度量、安全防护等提供历史数据。

（2）资源监控的常用方法

系统资源监控主要通过度量收集到的与系统状态、性能相关的数据的方式来实现，经常采用如下方法：

①日志分析。通过应用程序或者系统命令采集性能指标、事件信息、时间信息等，并将其保存到日志文件或者历史数据库中，用来分析系统或者应用的关键业绩指标。

②包嗅探。主要用于对网络中的数据进行拆包、检查、分析，提取相关信息，以分

析网络或者相关应用程序的性能。

③探针采集。通过在操作系统或者应用中植入并运行探针程序来采集性能数据，最常见的应用实例是 SNMP（simple network management protocol，简单网络管理协议）。

4.资源调度

从用户的角度来看，云计算环境中资源应该是无限的，即每当用户提出新的计算和存储需求时，云都要及时地给予相应的资源支持。同时，如果用户的资源需求降低，云就应该及时对资源进行回收和清理，以满足新的资源需求。

在云计算环境中，因为应用的需求波动，所以云计算环境应该动态满足用户需求，这需要云环境的资源调度策略为应用提供资源预留机制，即以应用为单位，为其设定最保守的资源供应量。这虽然并不一定能够完全满足用户和应用在运行时的实际需求，但是可使用户获得一定的资源。

虽然用户的资源需求是动态可变并且事前不可明确预知的，但也存在着某些规律。因此，对应用的资源分配进行分析和预测也是云资源调度策略需要研究的重要方面。系统在运行时首先动态捕捉各个应用在不同时段的执行行为和资源需求，然后对这两方面信息进行分析，以发现它们各自内在及彼此可能存在的逻辑关联，进而利用发掘出的关联关系进行应用后续行为和资源需求的预测，并依据预测结果为其提前准备资源调度方案。

因为云是散布在互联网上的分布式计算和存储架构，所以网络因素对于云环境的资源调度非常重要。调度过程中系统应考虑用户与资源之间的位置及分配给同一应用的资源之间的位置。这里的“位置”并不是指空间物理位置，而主要是指用户和资源、资源和资源之间的网络情况，如带宽等。

云的负载均衡也是一种重要的资源调度策略。系统的负载均衡可以从多个方面考虑，如处理器压力、存储压力、网络压力等，而调度策略也可以根据应用的具体需求和系统的实际运作情况进行调整。如果系统中同时存在处理器密集型应用和存储密集型应用，那么在进行资源调度的时候，用户可以针对底层服务器资源的配置情况做出多种选择。例如，可以将所有处理器/存储密集型应用对应部署到具有特别强大的处理器/存储能力的服务器上，还可以将这些应用通过合理配置后部署到处理器和存储能力均衡的服务器上。这样做能够提高资源利用率，同时保证用户获得良好的使用体验。

基于能耗的资源调度是 IaaS 管理必须考虑的问题。因为云计算环境拥有数量巨大的服务器资源，所以其运行、冷却、散热都会消耗大量能源，如果可以根据系统的实时运行情况，在能够满足应用的资源需求的前提下将多个分布在不同服务器上的应用整合到一台服务器上，进而将其余服务器关闭，就可以起到节省能源的作用，这对于降低云计算的运营成本有着非常重要的意义。

5.业务管理和计费度量

IaaS 可以给用户提供多种 IT 资源的组合，这些服务可再细分成多种类型和等级，用户可以根据自己的需求订购不同类型、不同等级的服务；还可以为级别较高的客户提供高安全性的虚拟私有云服务。提供 IaaS 需要实现的管理功能包括服务的创建、发布、审批等。云计算中的资源包括网络存储、计算能力及应用服务，用户所使用的是一个个服务产品的实例。用户获取 IaaS 需要经过注册、申请、审批、部署等流程。通常，管理用户服务实例的操作包含服务实例的申请、审批、部署、查询、配置及变更、迁移、终止、删除等。

按资源使用付费是云计算在商业模式上的一个显著特征，它改变了传统的购买 IT 物理设备、建设或租用互联网数据中心、由固定人员从事设备及软件维护等复杂的工作。在云计算中，用户只要购买计算服务，其 IT 需求就可获得满足，包括 IT 基础设施、系统软件（如操作系统、服务器软件、数据库、监控系统）、应用软件（如办公软件）等都可以作为服务从云计算服务提供商处购买，这降低了用户资源投资和维护成本，同时提高了 IT 资源的利用率。

云服务的运营必然涉及用户计费问题。通常，用户购买云计算服务时会涉及多种服务，包括计算、存储、负载均衡、监控等，每种服务都有自己的计价策略和度量方式，在结算时系统需要先计算每种服务的消费金额，然后对单个用户的消费进行汇总，从而得到用户消费的账单。

二、平台即服务（PaaS）

（一）PaaS 概述

PaaS（platform as a service，平台即服务）通过互联网为用户提供的平台是一种应用开发与执行环境，根据一定规律开发出来的应用程序可以运行在这个环境内，并且其生命周期能够被该环境控制，而并非只是简单地调用平台提供的接口。从应用开发者的角度看，PaaS 是互联网资源的聚合和共享，开发者可以灵活、充分地利用服务提供商提供的应用能力来开发互联网应用；从服务提供商的角度看，PaaS 通过提供易用的开发平台和便利的运行平台，引进更多的应用程序，吸引更多用户，从而获得更大的市场份额并扩大收益。

1.PaaS 的由来

业界最早的 PaaS 是由 Salesfore 于 2007 年推出的 Force.com 平台，它为用户提供了关系型数据库、用户界面选项、企业逻辑及一个专用的集成开发环境，应用程序开发者可以在该平台提供的运行环境中对他们开发出来的应用软件进行部署测试，然后将应用提交给 Salesforce 以供用户使用。作为 SaaS 的提供商，Salesforce 推出 PaaS 的目的是使商业 SaaS 应用的开发更加便捷，进而使 SaaS 用户能够有更多的软件应用可以选择。

谷歌于 2008 年 4 月发布的 PaaS 平台 GAE（Google App Engine），为用户提供了更多的服务，方便了用户的使用。

PaaS 更多地从用户角度出发，将更多的应用移植到 PaaS 平台上进行开发管理，充分体现了互联网低成本、高效率、规模化的特征。

2.PaaS 模式的开发

PaaS 利用的是一个完整的计算机平台，包括应用设计、应用开发、应用测试和应用托管，这些都作为一种服务提供给客户，而不是用大量的预置型基础设施支持开发。因此，客户不需要购买硬件和软件，只需要简单地订购一个 PaaS 平台，通常这只需要 1 min 的时间。利用 PaaS，客户就能够创建、测试和部署一些非常有用的应用，这与在基于数据中心的平台上进行软件开发相比，费用要低得多。这就是 PaaS 的价值所在。

虽然技术是不断变化的，但架构却是不变的。PaaS 不是一个新的概念，而只是对新兴技术的一种反映，比如核心业务流程外包和基于 Web 的计算。多年以来，相关企业一直都在外包主要的业务流程，而这一直都很困难。但是，随着越来越多的 PaaS 厂商在这一新兴领域的共同努力，未来一段时间会有一些令人吃惊的产品问世。这对于那些搭建 SOA（service-oriented architecture，面向服务的体系结构）的人来说很有帮助，因为他们可以选择在防火墙内部或外部托管这些进程或服务。事实上，很多人都会使用

PaaS 方法，因为这种方法的成本较低，部署速度较快。

PaaS 与广为人知的 SaaS 具有某种程度的相似性。SaaS 为人们提供可以立即订购和使用的、得到完全支持的应用。而在使用 PaaS 时，开发人员使用由服务提供商提供的免费编程工具来开发应用并把它们部署到云中。这种基础设施是由 PaaS 提供商或其合作伙伴提供的。这种开发模型与传统方式完全不同。在传统方式中，程序员把商业或开源工具安装在本地系统上，编写代码，然后把开发的应用程序部署到他们自己的基础设施上并管理它们。

3.PaaS 推动 SaaS 发展

在传统软件激烈竞争之际，SaaS 模式异军突起，以其无须安装维护、即需即用的特征为广大企业用户所青睐。SaaS 是一种以租赁服务形式供企业使用的应用软件，企业可以通过 SaaS 平台自行设定所需要的功能，SaaS 提供商提供相关的数据库、服务器主机以及后续的软件和硬件维护服务等，大幅度降低了企业信息化的门槛与风险。

SaaS 提供商提供的应用程序通常使用标准 Web 协议和数据格式，以提高应用程序的易用性并扩大其潜在的使用范围，并且越来越倾向于使用 HTTP（hypertext transfer protocol，超文本传输协议）和常用的 Web 数据格式，如 XML 等，但是 SaaS 提供商并不满足于此，他们一直在思考如何开发新的技术，以推动 SaaS 的发展，于是 PaaS 出现了。

2007 年，国内外知名厂商先后推出了自己的 PaaS 平台，其中包括全球 SaaS 模式的领导者 Salesforce。PaaS 不只是 SaaS 的延伸，更是一个能够供企业进行定制化研发的中间件平台，除了应用软件，还同时涵盖数据库和应用服务器等。PaaS 改变了 SOA 创建、测试和部署的位置，并且在很大程度上加快了 SOA 搭建的速度并简化了搭建过程。

（二）PaaS 的功能、核心特性及意义

1.PaaS 的功能

PaaS 为部署和运行应用系统提供所需的基础设施资源，因此应用开发人员不用关心应用的底层硬件和应用基础设施，并且可以根据应用需求动态扩展应用系统所需的资源。完整的 PaaS 平台应提供以下功能：应用运行环境、应用全生命周期支持、集成和复合应用构建能力。除了提供应用运行环境，PaaS 还需要提供整合服务、消息服务和

流程服务等用于构建 SOA 架构风格的复合应用。

2.PaaS 的核心特性

PaaS 的特性有多租户、弹性（资源动态伸缩）、统一运维、自愈、细粒度资源计量、SLA 保障等。这些特性基本也都是云计算的特性。多租户弹性是 PaaS 区别于传统应用平台的本质特性，其实现方式也是用来区别各类 PaaS 的最重要标志，因此多租户弹性是 PaaS 的核心特性。

多租户是指一个软件系统可以同时被多个实体使用，每个实体之间是逻辑隔离、互不影响的。弹性是指一个软件系统可以根据自身需求动态地增加、释放其所使用的计算资源。多租户弹性是指租户或者租户的应用可以根据自身需求动态地增加、释放其所使用的计算资源。

从技术上来说，多租户有以下几种实现方式：

①Shared-Nothing，无共享资源。为每一个租户提供一套和 On-Premise（本地部署）一样的应用系统。Shared-Nothing 仅在商业模式上实现了多租户。Shared-Nothing 的优点是整个应用系统栈都不需要改变，隔离非常彻底，但是技术上没有实现资源弹性分配，资源不能共享。

②Shared-Hardware，共享物理机。虚拟机是弹性资源调度和隔离的最小单位，典型例子是微软的 Azure。传统软件巨头如微软和 IBM 等都拥有非常广的软件产品线，在 On-Premise 时代占据主导地位后，它们在云时代的策略就是继续将 On-Premise 软件栈装到虚拟机中并提供给用户。

③Shared-OS，共享操作系统。进程是弹性资源调度和隔离的最小单位。与 Shared-Hardware 相比，Shared-OS 能实现更小粒度的资源共享，但是安全性会差些。

④Shared-Everything，基于元数据模型共享一切资源。典型例子是 Force.com。Shared-Everything 方式能够实现最高效的资源共享，但实现技术难度大，在安全和可扩展性方面会面临很大的挑战。

3.PaaS 的意义

无论是在大型企业私有云中，还是在中小企业和独立软件开发商所关心的应用云中，PaaS 都将起到核心作用。

（1）以 PaaS 为核心构建企业私有云

大型企业都有复杂的 IT 系统，甚至筹建了大型数据中心，其运行与维护工作量非常大，同时资源的利用率又很低。在这种情况下，企业迫切需要找到一种方法，整合全部 IT 资源，使之池化，并且以动态可调度的方式供应给业务部门。大型企业建设内部私有云有两种模式，一种是以 IaaS 为核心，另一种是以 PaaS 为核心。

企业首先会采用成熟的虚拟化技术实现基础设施的池化和自动化调度。当前，大量电信运营商、制造企业和产业园区都在进行相关的试点。但是，私有云建设不可只局限于 IaaS，因为 IaaS 只关注解决基础资源池化问题，解决的主要是 IT 问题。在 IaaS 的技术基础上进一步架构 PaaS 平台将带来更多的业务价值。PaaS 的核心价值是让应用及业务更敏捷、IT 服务水平更高，并实现更高的资源利用率。以 PaaS 为核心的私有云建设模式是在 IaaS 的资源池上进一步构建 PaaS，提供内部云平台、外部 SaaS 运营平台和统一的开发、测试环境。

（2）以 PaaS 为核心构建和运营下一代 SaaS 应用

大多数中、小企业缺乏专业的 IT 团队，并且难以承受高额的前期投入，它们往往很难通过自建 IT 的思路来实现信息化，所以 SaaS 是中、小企业的必然选择。然而，多年来，SaaS 在国内的发展状况一直没有达到各方的预期。除了涉及安全问题，还因为传统的 SaaS 应用难以进行二次开发以满足企业的个性化需求，并且国内缺少能够提供一站式 SaaS 应用服务的运营商。无论是 Salesforce 还是国内的 SaaS 提供商，都意识到 SaaS 的未来在于以 PaaS 为核心来构建和运营新一代的 SaaS 应用。在云计算时代，中、小企业的发展机会比以往任何时候都大。在这个以 PaaS 为核心的生态链中，每个参与者都得到了价值的提升。

三、软件即服务（SaaS）

SaaS 是随着互联网技术的发展和应用软件的成熟，在 21 世纪开始兴起的一种完全创新的软件应用模式。不同于 IaaS 和 PaaS，SaaS 提供给用户的是千变万化的应用，可以为企业和相关机构简化 IT 流程。这些应用都是能够在云端运行的技术，业界将这些技术或者功能总结、抽象，并定义为 SaaS 平台。开发者可以使用 SaaS 平台提供的常用功能，降低应用开发的复杂度，节省时间。

（一）SaaS 概述

从本质上说，SaaS 是近年来兴起的一种将软件转变成服务的模式，为人们认识、应用和改变软件提供了一个新的视角。在这个新的视角下，人们重新审视软件及其相关属性，发掘出了一些特别有价值的地方，为软件的设计、开发提供了一个新的思路。

1.SaaS 的由来

SaaS 不是新兴产物，早在 2000 年左右，SaaS 作为一种能够降低成本、快速获得价值的软件交付模式就已被提出。在 20 多年的发展中，SaaS 的应用面不断扩展。随着云计算的兴起，SaaS 作为一种最契合云端软件的交付模式成为焦点。

SaaS 的发展可以分为连续而有所重叠的三个阶段：

①第一个阶段为 2001—2006 年。在这个阶段，SaaS 针对的问题主要停留在如何降低软件使用者消耗在软件部署、维护和使用上的成本。

②第二个阶段为 2005—2010 年。在这个阶段，SaaS 理念被广泛接受，在企业 IT 系统中扮演着越来越重要的角色。如何将 SaaS 应用与企业既有的业务流程和业务数据进行整合成为这个阶段的主题。SaaS 开始进入主流商业应用领域。

③第三个阶段为 2008—2013 年。在这个阶段，SaaS 成为企业整体 IT 战略的关键部分，SaaS 应用与企业应用已完成整合。

2.SaaS 的概念

对于 SaaS，目前还没有统一的概念，主要有以下几种观点：

有的专家认为，SaaS 是客户通过互联网标准的浏览器使用软件的所有功能，而软件及相关硬件的安装、升级和维护都由服务商完成，客户按照使用量向服务商支付服务费用。

也有专家认为，SaaS 是由传统的 ASP（application service provider，应用服务提供商）演变而来的，都是“将软件部署为托管服务，通过因特网存取”。不同之处在于传统的 ASP 只是针对每个客户定制不同的应用，而没有将所有的客户放在一起考虑。

还有专家认为，SaaS 有三层含义，具体包括：

①表现层：SaaS 是一种业务模式，这意味着用户可以通过租用的方式远程使用软件，解决了投资和维护问题。而从用户角度来讲，SaaS 是一种软件租用的业务模式。

②接口层：SaaS 是统一的接口方式，可以方便用户和其他应用在远程通过标准接口调用软件模块，实现业务组合。

③应用实现层：SaaS 是一种软件能力，软件设计必须强调配置能力和资源共享，使一套软件能够方便地服务多个用户。

根据以上观点，我们可以认为，SaaS 是一种通过互联网提供软件的模式，厂商将应用软件统一部署在自己的服务器上，客户可以根据自己的实际需求，通过互联网向厂商订购所需的应用软件服务，按订购的服务多少和时间长短向厂商支付费用，并通过互联网获得厂商提供的服务。用户不用再购买软件，改为向提供商租用基于 Web 的软件，且无须对软件进行维护；服务提供商会全权管理和维护软件；软件厂商在向客户提供互联网应用的同时也提供软件的离线操作和本地数据存储，让用户随时随地都可以使用其订购的软件和服务。

在这种模式下，客户不用花费大量的资金用于购买硬件和软件，只需要支出一定的租赁服务费用，通过互联网便可以享受到相应的硬件、软件和维护服务，享有软件使用权。

3.SaaS 模式的优势

传统的信息化管理软件已经不能满足企业管理者随时随地使用的要求，未能与移动通信和宽带互联的高速发展同步，移动商务才是未来发展的趋势。SaaS 模式的出现，给企业管理带来了深刻的变革。

SaaS 模式应用于当前的信息化时代有以下优势：

（1）SaaS 模式的低成本性

SaaS 企业要在激烈的市场竞争中取胜，就要控制好运营成本，提高运营效率。以往，企业管理软件的大额资金投入一直阻碍着企业，尤其是中、小企业信息化的发展，SaaS 模式的出现无疑使这个问题迎刃而解。

SaaS 模式的实质是 IT 外包。企业不用购买软件，而是以租赁的方式使用软件，不会占用过多的运营资金，从而缓解企业资金不足的压力。企业可以根据自身需求选择所需的应用软件服务，并按月或年交付一定的服务费用，这样大大降低了企业购买软件的成本和风险。企业在购买 SaaS 软件后，可以立刻注册开通，不需要花很多时间去考察、开发和部署，这为企业降低了宝贵的时间成本。

（2）SaaS 模式的多重租赁特性

多重租赁是指多个企业将其数据和业务流程托管存放在 SaaS 提供商的同一服务器组上，相当于服务供应商将一套在线软件同时出租给多个企业，每个企业只能看到自己的数据，由服务供应商来维护这些数据。

有些 SaaS 软件服务供应商采用为单一企业设计的软件，也就是一对一的软件交付模式。客户可以要求将软件安装到自己的企业内部，也可将软件托管到服务供应商那里。定制能力是衡量企业管理软件性能的重要指标，这也是有些软件开发商在 SaaS 早期坚持采用单重租赁的软件设计方案的原因。多重租赁极大地提高了软件的可靠性，降低了维护和升级成本。

（3）SaaS 模式灵活的自定制服务

自定制功能是 SaaS 的另一核心技术，供应商已经将产品的自定制做得相当完美。企业可以根据自身业务流程，自定义字段、菜单、报表、公式、权限、视图、统计图、工作流和审批流等，还可以设定多种逻辑关系进行数据筛选，便于查询所需要的详细信息，做到 SaaS 软件的量身定制，而且不需要操作人员具有编程知识。

企业可以根据需要购买所需服务，这就意味着企业可以根据自身发展模式购买相应软件。企业规模扩大时只需开启新的连接，而不用购置新的基础设施和资源，一旦企业规模缩小，只要关闭相应连接即可，这样企业可以避免被过多的基础设施和资源牵累。

自定制服务是通过在软件架构中增加一个数据库扩展层、表现层和一套相关开发工具来实现的。目前世界上只有几家服务供应商拥有此项核心技术。

（4）SaaS 软件的可扩展性

与传统企业管理软件相比，SaaS 软件的可扩展性更强。在传统管理软件模式下，如果软件的功能需要改变，那么相应的代码也需要重新编写，或者是预留出一个编程接口让用户可以进行二次开发。在 SaaS 模式下，用户可以通过输入新的参数变量，或者制定一些数据关联规则来开启一个新的应用，这种模式也被称为“参数应用”。灵活性更强的方式是自定制控件，用户可以在 SaaS 软件中插入代码实现功能扩展。

（5）SaaS 软件提供在线开发平台

在线开发平台技术是自定制技术的自然延伸。传统管理软件的产业链是由操作系统供应商、编程工具供应商和应用软件开发商构建的，而在线开发平台提供了一个基于互联网的操作系统和开发工具。

在线开发平台通常集成在 SaaS 软件中，最高权限用户在用自己的账号登录到系统中后会发现一些在线开发工具，如“新建选项卡”等选项，每个选项卡可以有不同的功能。多个选项卡可以完成一项企业管理功能。用户可以将这些新设计的选项卡定义为一个“应用程序”，自定义一个名字；然后将这些“应用程序”共享或销售给其他在此SaaS平台上的企业用户，让其他企业也可以使用这些新选项卡的功能。

（6）SaaS软件的跨平台性

对于使用不同操作平台的用户来说，他们不需要担心自己使用的是Windows还是Linux操作平台，通常只要用浏览器就可以连接到SaaS提供商的托管平台。用户只要能够连接网络，就能随时使用所需要的服务。另外，SaaS基于WAP（wireless application protocol，无线应用协议）的应用，可以为用户提供更为贴身的服务。

（7）SaaS软件的自由交互性

管理者通过平台，可在任何地方、任何时间掌握企业最新的业务数据。同时，利用平台的交互功能，管理者可发布管理指令、进行审核签字，实现有效的决策和管理控制。随着对外交往的日益广泛，管理者之间可以通过平台实现信息的交互，这种信息的交互可以是简单的文字、表单，也可以是声音或者图片。

4.SaaS成熟度模型

（1）第一级——定制开发

这是最初级的成熟度模型。对于第一级的成熟度模型，其在技术架构上与传统的项目型软件开发或者软件外包没什么区别，SaaS提供商按照客户的需求来定制一个版本，每个客户的软件都有一份独立的代码。而第一级SaaS成熟度模型与传统模型的最大差别在于商业模式，即软、硬件以及相应的维护职责由SaaS提供商负责，而软件使用者只需按照时间、用户数、空间等逐步支付软件租赁使用费即可。

（2）第二级——可配置

相较于第一级成熟度模型，第二级成熟度模型提高了可配置性，可以通过不同的配置来满足不同客户的需求，而不需要为每个客户进行定制，以降低定制开发的成本。但在第二级成熟度模型中，软件的部署架构没有发生太大的变化，SaaS提供商依然为每个客户独立部署一个运行实例，只是每个运行实例运行的是同一个代码，SaaS提供商通过不同的配置来满足不同客户的个性化需求。

（3）第三级——高性能的多租户架构

在应用架构上，第一级和第二级成熟度模型与传统软件没有多大差别，只是在商业模式上符合SaaS的定义。多租户单实例的应用架构才是真正意义上的SaaS应用架构。多租户单实例的应用架构可以有效降低SaaS应用的硬件及运行维护成本，最大化地发挥 SaaS 应用的规模效应。实现多租户单实例的应用架构的关键是通过一定的策略来保证不同租户间的数据隔离，确保不同租户既能共享同一个应用的运行实例，又能为用户提供独特的应用体验和独立的数据空间。

（4）第四级——可伸缩的多租户架构

在实现了多租户单实例的应用架构之后，随着租户数量的逐渐增加，集中式的数据库性能将成为整个 SaaS 应用的性能瓶颈。因此，在用户数大量增加的情况下，不更改应用架构，仅需简单地增加硬件设备的数量，就可以支持应用规模的增长。不管用户有多少，应用架构都能像单用户一样方便地实施应用修改，这就是第四级也是最高级别的 SaaS 成熟度模型所要解决的问题。

（二）SaaS 的实现

1.SaaS 业务模式的影响

在 SaaS 业务模式下，软件市场将会发生转变，主要表现在以下两个方面：

（1）从客户角度考虑

SaaS 业务模式使软件所有权发生改变，将技术基础设施和管理等方面（如硬件与专业服务）的责任从客户重新分配给供应商，通过专业化和规模经济降低提供软件服务的成本，同时降低了软件销售的最低成本，并针对小型企业的长尾市场做工作。

在以传统软件方式构建的 IT 环境中，大部分预算花费在硬件和专业服务上，软件预算只占较小份额。在采用 SaaS 模式的环境中，SaaS 提供商在自己的中央服务器上存储重要的应用和相关数据，并拥有专业的支持人员来维护软、硬件，这使得企业客户不必购买和维护服务器硬件，也不必为主机上运行的软件提供支持。基于 Web 的应用对客户端的性能要求低于本地安装的应用，因此 SaaS 模式下的大部分 IT 预算都能用于软件。

SaaS 模式比传统模式更节约成本。对于扩展性较强的 SaaS 应用，随着客户的增多，每个客户的运营成本会不断降低。当客户达到一定规模时，提供商投入的硬件和专业服务成本可以与营业收入平衡。在此之后，随着规模的扩大，提供商的销售成本不受影响，利润开始增长。

总体来讲，SaaS 为客户带来以下价值：

①服务的收费方式风险小，客户可灵活选择模块、备份等；

②让客户更专注于核心业务，不需要额外增加专业的 IT 人员；

③灵活启用和暂停，随时随地都可使用；

④按需定购，选择更加自由；

⑤产品更新速度加快；

⑥市场空间扩大；

⑦实现年息式的循环收入；

⑧大大降低客户的总体拥有成本，有效降低营销成本；

⑨在全球各地，全天候的网络服务。

（2）从软件开发商角度考虑

在信息化发展的今天，软件市场面临这样的境况，即中、小企业对信息化的需求和大型企业基本相同，却难以承担购买、维护软件的费用。在这样的市场环境下，SaaS 提供商可利用规模经济效益将客户对硬件和服务的需求加以整合，这样就能提供比传统厂商价格低得多的解决方案，这不仅降低了财务成本，而且大幅减少了客户增加 IT 基础设施建设的需要。因此，SaaS 提供商能面向全新的客户群开展工作，而这部分客户是传统解决方案供应商所无暇顾及的。

传统的管理软件复制成本几乎可以忽略不计，提供商很难控制盗版，而 SaaS 模式下的服务程序全部放在服务商的服务器端，用户认证、软件升级和维护的权利都掌握在 SaaS 提供商手中，这很好地控制了盗版问题。在传统的许可模式下，收入以一种大型的、循环的模式来达到平衡。每一轮的产品升级都伴随着不菲的研发投入，随着市场趋于饱和，产品生命周期结束，一轮新的循环才会开启。在 SaaS 模式中，客户以月或年为单位来为软件使用付费，从长远来看，SaaS 模式的收入会远远超出许可模式，并且会提供更多可预见的现金流。

2.SaaS 平台架构

基于 SaaS 模式的企业信息化服务平台通过互联网向企业用户提供软件及信息化服务，用户不用再购买软件系统和昂贵的硬件设备，转而采用基于互联网的租用方式引入软件系统。服务提供商必须通过有效的技术措施和管理机制来确保每家企业数据的安全性和保密性。在保证安全的前提下，提供商还要保证平台的先进性和实用性。为了便于承载更多应用服务，其还需保证平台的标准化、开放性、兼容性、整体性、共享性和可扩展性。为了保证平台的使用效果，提供良好的用户体验，其必须保证良好的可靠性和实时性。基于 SaaS 模式的企业信息化服务平台框架主要包含四个部分，分别是基础设施、运行时支持设施、核心组件和业务服务应用。

基础设施包括 SaaS 平台的硬件设施（如服务器、网络建设等）和基本的操作系统；运行时支持设施包括运行基于 Java EE（Java 平台企业版）软件架构的应用系统时所必需的中间件和数据库等支持软件；核心组件主要包括 SaaS 中间件、基于 SOA 的业务流程整合套件和统一用户管理系统，这些软件系统提供了实现 SaaS 模式和基于 SOA 的业务流程整合的先决条件；业务服务应用主要包括专有业务系统、通用服务和业务应用系统，为用户提供了全方位的应用服务。

SaaS 平台首先建设面向数据中心标准的软、硬件基础设施，为任何软件系统的运行都提供基础保障。高性能操作系统安装在必要的集群环境下，为整个数据中心提供高性能的虚拟化技术保障。SaaS 平台是一个非常复杂的软件应用承载环境，不可能为每个应用设立独立的运行环境、数据支持环境和安全支持环境，共享和分配数据中心资源才是高效运营 SaaS 平台的基础。虚拟化技术既提供了这样的资源虚拟能力，能够将数据中心集群中的资源综合分配给每个应用，也能够将数据中心集群中的独立资源再细化分解为计算网格节点，细化控制每个应用利用的资源数量与质量。但是，硬件和操作系统的资源并不能直接为最终应用所使用，通过中间件、数据库服务和其他必要的支持软件系统，存在于 SaaS 平台数据中心中的计算和存储能力才能够真正地发挥作用。

整个 SaaS 平台协同运行的核心是多租户管理和用户资源整合。基于自主知识产权的统一用户授权管理系统与单点登录系统很好地满足了 SaaS 平台在这个方面的需求。依照单点登录系统所提供的标准接口，各类应用在整合用户的角度能够无缝连接到 SaaS 平台上，最终用户登录 SaaS 平台的服务门户后，整个使用过程就好像是统一操作每个软件系统的不同模块，所有系统的用户登录和授权功能都被整合在一起，为用户提供最佳的使用体验。同时，由于用户整合工作在所有应用服务登录平台前就已经完成，这就为日后的应用系统业务流程整合提供了良好的基础，为深层数据挖掘与数据利用提供了重要的前提。

在上述服务的基础上，SaaS 平台将为最终用户提供高效、稳定、安全、可定制、可扩展的现代企业应用服务。不管是通用的互联网服务还是满足企业业务需求的专有应用，SaaS 平台运营商都会依照客户需求选择、采购、开发和整合专业的应用系统，为用户提供最优质的服务。

3.SaaS 平台关键技术

（1）单实例多租户技术

单实例多租户可以说是 SaaS 应用的本质特点，供应商要能够承担多租户带来的挑战：一方面是多租户同时使用时的载荷，另一方面还应满足多租户的个性化需求。

多租户技术解决方案应基于强大而丰富的软件中间件产品线，提供面向 SaaS 应用开发人员和平台运营商的开发、部署、运行、管理组件群，以提供高效的多租户资源共享和隔离机制，从而最大限度地降低分摊在单个租户身上的基础设施建设和管理成本；提供可扩展性较强的基础架构，从而支持大规模租户的使用；提供灵活的体系结构，从而满足不同租户异构的服务质量需求；提供对复杂且异构的底层系统、应用程序、租户的统一监控和管理。

（2）多租户数据隔离技术

多租户数据管理在数据存储上存在三种方式，分别是独立数据库；共享数据库，隔离数据架构；共享数据库，共享数据架构。

①独立数据库。每个租户对应一个单独的数据库，这些数据库在逻辑上彼此隔离。元数据将每个数据库与相应的用户关联，数据库的安全机制防止用户无意或恶意存取其他用户的数据。它的优势是实现简单、数据易恢复、隔离更安全，缺点则是对硬件和软件的投入相对较高。适用于对数据的安全性和独立性要求较高的大客户，如银行、医院。

②共享数据库，隔离数据架构。隔离数据架构就是所有租户采用一套数据库，但是数据分别存储在不同的数据表集中，这样每个租户就可以设计不同的数据模型。它的优势在于容易进行数据模型扩展、提供中等程度的安全性，缺点则是数据恢复困难。

③共享数据库，共享数据架构。共享数据架构就是所有租户使用相同的数据表，并且数据存放在同一个数据库中。它的优势是管理和备份的成本低、能够最大化利用每台数据库服务器的性能，缺点则是数据还原困难、难以进行数据模型扩展。此外，所有租户的数据放在一个表中，数据量太大，索引、查询、更新更加复杂。

（3）SaaS 的整合技术

SaaS 平台服务的对象之一是 SaaS 软件开发商，当 SaaS 平台上的服务日渐增加时，SaaS 提供商和最终用户都会有对相关联的 SaaS 加以集成或组合的需求，因此 SaaS 平台应当具备软件服务整合功能，将开发商开发的 SaaS 有机、高效地组织起来，并使其统一运行在 SaaS 平台上。

①良好的平台扩展性架构：增加 SaaS 软件服务，不增加 SaaS 平台运行费用。

②不同服务集成：使服务提供商提供的服务能够与其他服务方便地进行数据集成，以及与用户的本地应用方便地进行数据集成，实现不同 SaaS 之间业务数据的路由、转换、合并和同步。

③与已有的系统兼容：提供数据和服务适配接口，方便客户将已有的数据和服务无损地移植到 SaaS 平台中，实现 SaaS 和用户本地应用之间业务数据的平滑交互。

（4）用户身份管理

身份管理支持部件是 SaaS 平台上的一个基础部件，它应为 SaaS 客户提供一个集中平台来管理员工和客户的身份信息。此外，它还应为开发和交付安全的组合服务提供身份认证的支持。在一个 SaaS 平台上，一个用户很可能是多个 SaaS 的订阅者。为了避免每个 SaaS 重复验证，对用户身份进行管理就显得十分必要。

第三节　云计算典型应用场景及主要平台

一、云计算典型应用场景

（一）存储云

云计算中基础设施即服务的一种重要形式是存储云，即将存储资源作为服务通过网络提供给用户使用。借助并行计算和分布式存储等技术，存储云可以对不同厂商和结构的存储设备进行整合，构建成统一的存储资源池。用户可以根据实际需求向云平台申请使用存储资源池内的资源，而不需要了解硬件配置、数据备份等底层细节。同时，存储云的基础设施一般由专业的人员来维护，不仅可以保证更高的系统稳定性，而且可以从技术上为用户数据提供更好的服务。

与传统存储系统相比，存储云具有低成本投入的优势。传统存储服务需要建立专有存储系统，不仅需要在硬件和网络等资源上投入较高的成本，而且需要较高的技术水平和管理成本。对于传统存储服务，如某一个独立的存储设备，用户必须非常清楚这个存储设备的型号、接口和传输协议，必须清楚地知道存储系统中有多少块磁盘，分别是多大容量，必须清楚存储设备和服务器之间采用什么样的连接线缆。为了保证数据安全和业务的连续性，用户还需要建立相应的数据备份系统和容灾系统。除此之外，对存储设备进行定期的状态监控、维护、软硬件更新和升级也是必需的。

如果采用存储云，那么上面所提到的一切对使用者来说都不需要了，存储云中虽然包含了许许多多的交换机、路由器、防火墙和服务器，但对具体的互联网用户来说，这些都是透明的。存储云系统由专业的云平台来建立和维护，用户只需要按需租用这些资源，就能获得与专有存储系统一样的存储服务，省去了硬件投入和维护开销。

此外，存储云还具有访问控制灵活的优势。传统存储系统为了保证对外的安全性，往往位于内部网络，这就使得外界对存储系统的访问很不方便。而存储云系统通常提供不同网络条件下的接口，用户在任何地方都可以通过网络使用自己的用户名和密码来便捷地访问存储云系统中的资源，而且可以根据使用情况进行灵活扩展。

存储云的服务就如同云状的广域网和互联网一样。对使用者来说，存储云不是指某一个具体的设备，而是指一个由许许多多个存储设备和服务器所构成的集合体。使用者使用存储云，并不是使用某一个存储设备，而是使用整个存储云系统提供的一种数据访问服务，所以严格来讲，存储云不是存储，而是一种服务。存储云的核心是将应用软件与存储设备相结合，通过应用软件来实现存储设备向存储服务的转变。

（二）移动云

近年来，云计算和移动互联网飞速发展，智能移动设备日渐普及，基于 iOS 和 Android 平台的移动应用也迅速增加，移动云成为一种新的应用模式。在移动云中，终端的移动性要求在任何时间、任何地点都能进行安全的数据接入，以便用户在移动云环境中通过移动设备使用应用程序以及访问信息时有更好的体验。

移动云是基于云计算的概念提出来的。移动云的主要目标是应用云端的计算、存储等资源优势，突破移动终端的资源限制，为移动设备的用户提供更加丰富的应用，以及更好的体验。

移动云作为云计算的一种应用模式，能够为移动用户提供云平台上的数据存储和处理服务。移动云计算的体系架构如图 1-2 所示。移动用户通过基站等无线网络接入方式连接到互联网上的公有云。公有云的数据中心部署在不同的地方，为用户提供可扩展的计算、存储等服务。内容提供商也可以将视频、游戏和新闻等资源部署在适当的数据中心上，为用户提供更加丰富、高效的内容服务。对安全性要求更高的用户，可以通过局域网连接本地云，获得具备一定可扩展性的云服务。本地云也可以通过互联网连接公有云，以进一步扩展其计算、存储能力，为移动用户提供更加丰富的资源。

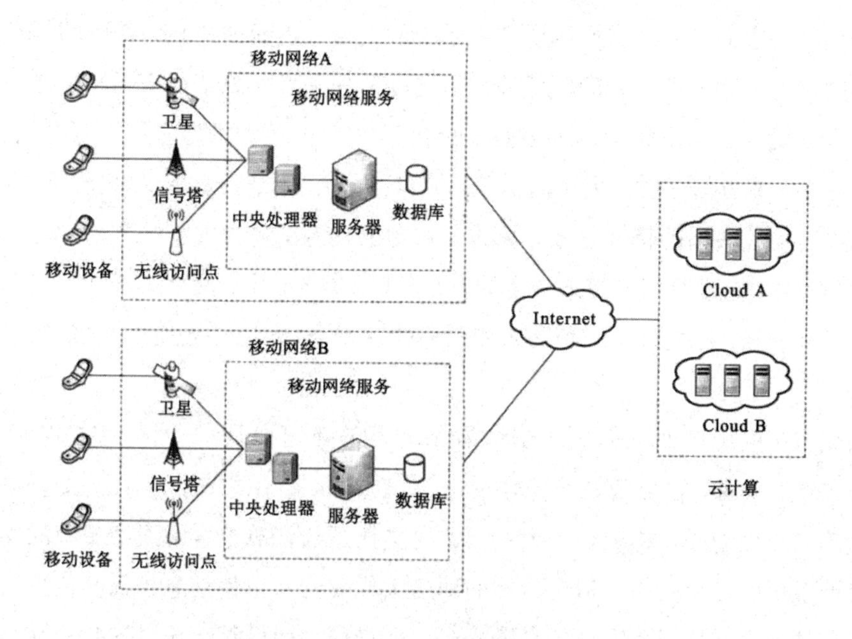

图 1-2　移动云计算的体系架构

目前，移动云已广泛应用于生产、生活领域，如电子商务、移动教育等。然而，随着移动云应用的日趋复杂，人们对移动云资源的需求日渐强烈，移动设备存在的电池续航有限、计算能力低、内存容量小、网络连接不稳定等问题逐渐暴露，这导致许多应用无法平行迁移到移动设备上。借助云计算技术的发展，移动云有望在一定程度上解决当前所遇到的相关难题。

（三）社交云

社交网络早在 2003 年就已经引起人们的充分重视，社交网络主要是以“六度分隔理论”为基础的，该理论认为世界上相互之间没有关系的人建立起联系只需不超过 6 个人。近年来，社交网络发展迅速，它为人与人之间的交流提供了良好的互动平台，使信息的交互更加方便、快捷。社交网络较好地反映了社会的结构和动态性，并促进了网络与人及技术之间的交互。

广义地讲，社交网络是一种社会结构，这种社会结构由个体或者组织组成，而这些个体或者组织之间有着某种关系，如朋友关系、信任关系等。狭义地讲，人们常说的社交网络是指在线社交网络。在社交网络分析方法中，个体或者组织可以看成节点，个体或者组织之间的关系可以看成边，这样就能将社交网络抽象成为一个社交关系图。

社交网络中的关系通常是以现实生活中的人与人之间的关系为基础的，所以社交网络中的朋友之间存在着一定的信任关系。这种信任关系可以使社交网络中信息的交互、资源的共享变得更加便捷。而在传统的云计算环境中，资源消费者和资源提供者没有这种信任关系，或者信任关系为单向信任，或者信任关系比较薄弱。如果将社交网络中用户之间具有信任关系的特性与云计算方便快捷的资源交易方式相结合，就能满足社交用户的交易需求，同时给用户带来一定的安全保障。因此，社交网络与云计算技术相结合，就构成了社交云。社交云是一种资源和服务的共享平台，它由社交网络成员之间的关系构建而成。

社交云中的用户分布在不同的区域，每个用户都可以看作一个小型的数据中心。因此，从本质上来讲，社交云是一种分布式云。地理位置不同的小型数据通过池化，组成一个大的云数据中心，构成一个大的云。这更接近云计算整合网络中资源的思想。

快速发展的社交网络使信息传播的速度大幅提升，也使信息传播的范围大幅扩大。一些著名的社交网站成为人们的交流平台，如微博、微信等。通过这些社交网络平台，人们能够方便地进行信息发表、评论、分享和互动等活动，结交新的朋友和关注朋友的最新动态。与传统网站相比，社交网络具有更加随意和非正式、互动性更强、分布更广以及信息量更丰富等特点。

社交网络往往拥有海量用户，每天产生数以 PB（petabytes，拍字节）的数据，数据不仅包括使用者的个人信息，还包括互动数据、分享和查询的内容等，这些数据渗透到了网民日常生活的方方面面。这些数据的量和用户量成正比，不断增长的用户量在带来无限机遇的同时，也给数据的存储和集成带来巨大的挑战。同时，这些海量数据处于一个散乱的状态，不利于人们对数据进行分析、处理。因此，超大规模的社交数据给网络信息管理带来了挑战，要实时、高效地处理这些海量数据，从中发现深层次的有用信息，就需要新的技术手段。伴随着云计算技术的发展，社交云平台应运而生，它是一种数据密集型计算平台，为海量网络数据的在线处理提供了新的方法与技术。

（四）健康云

健康云是以云计算为基础，建立在远程医疗体系上的，旨在提高诊断与医疗水平、降低医疗开支、满足人民群众健康需求的一项全新的医疗云服务。医生通过传统互联网或移动互联提供在线服务，病人只需使用一个专业的自助终端就能够选择医生，并以诊断结果上传、诊断信息交互、动态或静态图像提供等方式向医生提供病情特征，实现跨地域的诊疗，不受时间、场所的限制。健康云将各种健康和医疗服务部署在云计算平台上，对多种医疗服务和健康数据进行集成和重新整合，从而实现以健康云平台为核心的智慧云服务生态系统。

健康云平台主要包括 3 种角色，即健康云服务消费者、健康云服务提供者、健康云服务开发者。健康云服务消费者包括普通用户和健康卫生组织。普通用户通过各种智能终端快捷地获取平台上的健康服务，同时通过智能可穿戴设备，将个人健康数据上传到云平台并进行存储和分析。而健康卫生组织则可以利用云平台积累的健康数据进行分析、挖掘。健康云服务提供者可以是医生、医院、科研机构、政府卫生部门等。医护人员通过平台向用户提供包括医疗诊断在内的健康服务；医疗卫生组织通过平台监管医院及医护人员，并发布公共医疗卫生信息；健康云服务开发者依托健康云平台的开放接口、开放数据等开发符合市场需求的健康服务，并向平台用户发布。

（五）物联云

随着技术的不断发展，万物智能互联将是新一轮技术发展的方向，而物联云作为万物互联的一种实现模式，正不断地缩小数字世界和物理世界的鸿沟。物联云是云计算和物联网的结合，其将传统物联网中传感设备感知的信息和接收的指令连入互联网，真正实现网络化，并通过云计算技术实现对海量数据的存储和运算。

从物联网概念提出到如今物联网的初步应用，物联网技术的更新和进步都离不开应用商的迫切需要。不断追求创新的新时代物联网模型能够自动进行数据处理和交换操作，在保证计算能力和存储能力十分高效的同时，还可以保证数据安全。除此之外，物联网要得到广泛应用还需要具备明显的成本优势。云计算技术恰恰具有较大的成本优势，所以物联网技术的广泛应用必然不能缺少云计算。

云计算与物联网都具备许多优势，若把二者结合，就可以发挥更大的作用。比如，物联网与云计算结合后，云计算就是整个物联云的控制中心，它就相当于物联云的大脑。云计算与物联网协调工作能使物联云发挥应有的作用。

物联云平台打破了原有物联网“传感器＋数据采集终端＋服务器软件”的组合模式，使传感器可以通过智能物联网网关直接将数据上传至云平台，由云平台进行存储、分析、发布和共享。目前，物联云平台广泛应用于智能交通、城市公共管理、安全监控、现代物流等领域，为金融、交通、物流、城市基础建设、公共事业服务等行业提供技术应用服务和智慧解决方案。

二、云计算主要平台

（一）微软的 Azure 平台

1.Azure 的主要功能

无论是传统的虚拟化、存储等功能，还是前沿的区块链、物联网、AI（artificial intelligence，人工智能）领域，微软的 Azure 都有较为完备的解决方案。目前，Azure 平台为用户提供了丰富的服务种类，具体如下：

①计算服务，如虚拟机服务、桌面虚拟化服务、容器服务等；

②应用服务，如支持 Web 和移动应用的 App（application，应用程序）服务、无服务器的逻辑应用程序服务、支持大型应用的应用程序结构等；

③存储服务，如支持四种基本存储类型的 Azure Storage 服务和支持远程字典等多种数据库种类的数据库服务；

④分析服务，如数据获取、数据分析和数据存储等服务；

⑤网络服务，如 VPN（virtual private network，虚拟专用网络）网关、应用程序网关、防火墙等服务；

⑥身份标识，如 Azure AD 外部标识等服务；

⑦管理服务，如密钥库凭据管理器、自动化、安全中心等服务。

2.Azure 的资源管理器模式

早期 Azure 采用经典模型管理云端资产，在此模型中资源彼此独立，因此在管理同一个解决方案时系统需要手动将资源组织到一起。

从 2014 年起，Azure 引入了资源管理器模型，该模型通过“管理组、订阅、资源组和资源”四种范围管理彼此有关联的资产，通过资源管理模板优化了解决方案的基础结构，通过资源间的依赖关系确保资源部署的正确顺序，通过 RBAC（role-based access control，基于角色的访问控制）限制资源的访问权限，有效提高了 Azure 云端资产的管理效率。

3.Azure 的访问控制

为了方便管理云中的资源，Azure 采用了 RBAC。Azure RBAC 的核心思想在于角色的分配，其中包含三个要素：安全主体、角色定义和对象范围，即安全主体在访问某个范围内的对象时扮演了哪些角色。

安全主体表示发起资源访问请求的对象，可以是用户、组、服务主体或托管标识。用户表示 Azure AD 中的一个用户账户；组代表一组用户，当给用户组分配角色时，组中每个用户都将继承该角色；服务主体是应用程序或服务发起资源访问时所使用的账户；托管标识用于云应用程序向 Azure 服务进行身份认证。

角色定义用于列出某个安全主体所拥有的权限。Azure 内置了多种角色，较为基础的角色为所有者、参与者、读取者和用户访问管理员。所有者具有所管理资源的完全访问权限，参与者没有分配角色的权限，读取者可以查看资源但不能修改，用户访问管理员仅管理其他用户的访问权限。除了内置角色，Azure 还允许用户创建自定义角色。

对象范围采用父子关系结构，包括管理组、订阅、资源组和资源四种范围，用于定义所分配对象的范围。父级别范围分配的角色也会顺次继承给子范围，同一范围内的角色采取叠加的计算方法。

（二）亚马逊弹性计算云（EC2）

EC2 提供了可定制的云计算能力，这是专为简化开发者开发 Web 伸缩性计算而设计的，EC2 借助提供 Web 服务的方式让使用者可以弹性地运行自己的亚马逊虚拟机，使用者可以在这个虚拟机上运行任何自己想要的软件或应用程序。亚马逊为 EC2 提供简单的 Web 服务界面，让用户轻松地获取和配置资源。用户以虚拟机为单位租用亚马逊的服务器资源，并且可以全面掌控自身的计算资源。

（三）阿里云

阿里云是阿里巴巴集团研发的一款公共、开放的云计算服务平台，能够提供多线的边界网关协议骨干网接入和互联网第二平面高速集群网络。飞天系统架构是阿里云平台的理论核心，飞天系统是复杂的集成化系统，包括云数据存储、云计算服务、云操作系统及云智能移动操作等部分。该架构基于 Linux 内核以及多种开源库，结合阿里巴巴多年的技术积累，为用户提供可靠的计算、存储及调度等底层服务支持。阿里的底层服务主要围绕分布式系统展开，主要包括协调服务、远程过程调用、安全管理、资源管理等。

（四）开源云计算平台

1.OpenStack

（1）OpenStack 简述

OpenStack 是由 Rackspace 公司和美国国家航空航天局（NASA）合作开发的一个开源云计算平台，可以为私有云和公有云提供可扩展的弹性云计算服务，且有着操作简单、扩展性强、标准统一等优点，已经被 IT 行业广泛运用于云计算平台开发过程中。

（2）OpenStack 构成组件

OpenStack 是一个提供云计算平台部署的工具箱，旨在便捷且迅速地构造公有云和私有云平台。在 OpenStack 中，主要的功能组件包括计算功能组件（Nova）、块存储功能组件（Cinder）、网络功能组件（Neutron）、镜像管理功能组件（Glance）、认证功能组件（Keystone）、对象存储功能组件（Swift）、界面管理功能组件（Horizon）、监测值管理功能组件（Ceilometer）、自动化平台配置功能组件（Heat）、数据库管理功能组件（Trove）。

Nova 作为 OpenStack 的核心服务之一，是一个完备的 OpenStack 计算资源管理和访问的工具集。OpenStack 自身并不具备任何 VM（virtual machine，虚拟机）建立功能，而是通过调用其他虚拟化方法来完成的。Nova 服务自 OpenStack 框架生成之初便集成到项目框架中。

Cinder 通过调用自主服务 API（application program interface，应用程序接口）为

VM 例程提供长期的块存储服务。Cinder 实现自 volume（文件集）建立到清除整个历程的管理。早期的 OpenStack 项目使用 nova-volume 为云平台中的 VM 例程提供较长时间的块存储服务。但是后来的版本将 nova-volume 从 Nova 功能组件中抽取、分离出来，定义为具有独立功能的块存储组件。

Neutron 也是 OpenStack 的核心服务之一，实现其他各个服务的互联网访问功能。Neutron 是从计算服务中分离出来的 nova-networking，其经过优化后最终形成 Neutron。最初的 Neutron 仅提供 IP 地址管理、网络功能和安全管理功能，发展到现在可以提供多租户隔离、2 层代理支持、3 层转发、负载均衡、隧道支持等功能。

Glance 用于提供 VM 建立时所需的镜像文件，即准许用户发现、备案和查找 VM 镜像。该服务拥有一个 REST API，允许通过检索 VM 镜像的元数据来获取真实镜像文件。

Keystone 用于为 OpenStack 中的其他组件提供统一的认证服务，包括身份的认证，令牌的签发和核查，服务列表、用户使用权限设定，等等。OpenStack 中各服务组件都依赖于 Keystone 的认证服务。

Swift 通常应用于大型的分布式系统中，内置冗余及高容错机制，实现对象存储功能。该服务可以实现文件搜索或数据存储功能，并可为 Image 服务提供 Glance 存储功能，也为块存储器服务提供 volume 拷贝功能。该服务也是自 OpenStack 框架生成之初便集成到项目框架中的。

Horizon 提供一个可视化界面，便于管理员和用户对 OpenStack 云平台中各类资源和服务进行监测和管理。它简化了管理者和租户对云平台的操作，管理者通过该服务可以管理、监控云资源，实现虚拟设备的启动、虚拟设备资源的分配、虚拟资源的访问控制等。

Ceilometer 用于获取、保存和监控 OpenStack 的各种检测值，并根据检测值进行示警。这些检测值可以保存下来，脱离平台限制，通过进一步的整理、审查或描述，更加有效地应用于实际项目中。

Heat 通过调用 OpenStack 框架中的接口实现项目所需组件的模板式部署。该服务使 OpenStack 平台的研发人员可通过使用特制的插件实现编排服务的集成。简而言之，用户可提前定义任务执行模式，Heat 会按一定的顺序执行 Heat 模板中定义的任务，完成项目所需的平台配置部署任务。

Trove 提供利用具有扩展功能和高可靠性的云部署关系型和非关系型数据库引擎的功能。用户可以快速、轻松地利用数据库的特点，而不用掌控繁杂的云平台配置方案，云平台的用户和数据库管理员可以实现项目所需的多个数据库的管理和配置任务。

2.Eucalyptus

Eucalyptus 是一种开源的软件基础结构，用来通过计算集群或工作站群实现弹性的云计算。它最初是加利福尼亚大学为进行云计算研究而开发的亚马逊 EC2 的一个开源实现，它与 EC2 和 S3 的服务接口兼容，使用这些接口的所有现有工具都可以与基于 Eucalyptus 的云协同工作。

第四节　云计算环境概述

一、云计算环境的概念

云计算环境的诞生，源于信息技术的发展。随着科技的飞速发展，企业和个人对计算资源的需求日益增长，传统的计算模式已经无法满足人们日益增长的需求。云计算的出现，使计算资源得以更加高效、便捷地进行分配和利用。

云计算环境，简而言之，是通过网络提供各种计算资源、存储资源和应用服务的环境。这种环境由云服务提供商负责管理和维护，用户可以将各类终端设备接入云计算环境，轻松使用其中的资源和服务。

二、云计算环境的特点

（一）资源池化

资源池化，简而言之就是将各种物理资源转化为逻辑上可统一管理和调度的资源。云计算环境通过虚拟化技术对原本分散的物理资源（如服务器、存储设备、网络设备等）

进行集中管理和抽象化，形成了一个庞大的资源池。这一具有变革性的技术不仅提高了资源的利用率，还赋予了信息系统前所未有的弹性和可扩展性，特别是在信息安全领域，资源池化展现出了独特的优势。

首先，面对突发的安全事件或业务需求，系统可以迅速从资源池中调配所需的资源，确保自身的稳定运行。这种快速的资源调配能力，使系统能够在面对各种安全挑战时保持较强的应变能力。

其次，随着业务的发展和数据量的增加，系统需要不断地进行扩展以适应新的需求。通过资源池化，系统可以方便地添加新的物理资源到资源池中，并通过虚拟化技术将这些资源快速集成到现有的系统中，从而实现系统的平滑扩展。

最后，资源池化还有助于实现更高效的资源管理。通过对资源池的集中管理和监控，系统管理员可以实时了解资源的使用情况，并根据需要对资源进行重新分配和调度。这种灵活的资源管理方式，不仅可以提高资源的利用率，还可以减少因资源管理不当而产生的安全风险。

（二）按需服务

云计算环境提供的服务具有显著的按需性特点，这意味着用户可以根据自己的实际需求，灵活选择和定制所需的服务类型和规模。这种服务模式不仅给用户带来了巨大的便利，还显著降低了成本，提高了资源的利用率。对于信息安全研究人员而言，云计算环境提供的按需服务为他们提供了一种全新的视角和方法，使他们能够根据实际的安全需求，灵活调整安全策略和资源配置策略，从而提高安全防护效果。

在云计算环境中，用户不用购买和维护昂贵的硬件设备，只需通过云服务提供商平台，便可获得所需的计算、存储和网络等资源。这种服务模式使用户可以更加专注于业务的发展和创新，而不必担心资源的短缺或浪费。同时，云服务提供商通常会根据用户的需求，提供不同性能的服务实例，以满足用户在不同场景下的需求。这种灵活的服务模式使用户能够更加高效地利用资源，避免资源的浪费和闲置。

对于信息安全研究人员来说，云计算环境提供的按需服务为他们提供了一种全新的视角和方法。在传统的信息安全研究中，研究人员通常需要购买和维护大量的硬件设备，以支持各种安全实验和测试。这不仅需要大量的资金投入，还需要耗费研究人员大量的时间和精力进行设备的维护和管理。然而，在云计算环境中，研究人员可以使用云服务提供商提供的安全服务，轻松地进行各种安全实验和测试。

（三）网络互通

通过强大的网络资源，云计算能够实现数据、计算能力和各类服务的共享，从而大大提高工作效率和便捷性。然而，这种网络环境的高度互联性也给信息安全带来了前所未有的挑战。研究人员需要关注网络互通带来的潜在安全风险，如数据传输安全等。

（四）多租户共享

云计算环境的一大核心优势在于其能够支持多个租户共享同一套物理资源，从而大幅提高资源的利用率，降低运营成本，为用户提供更加灵活和高效的计算服务。然而，这种多租户共享模式在提高资源利用率的同时，也对信息安全提出了更高的要求。

在云计算环境中，租户之间共享物理资源，但每个租户都希望自己的数据和应用程序能够得到充分的隔离和保护。为了实现这一目标，云计算平台采用了多种隔离技术，如虚拟化技术、容器化技术、加密技术等，以确保不同租户之间的资源隔离。这些隔离技术能够有效地防止租户之间的数据泄露和非法访问，保障租户的数据安全。

（五）服务可计量

在云计算环境中，服务计费通常采取计量的方式，这意味着用户只需根据实际使用的资源和服务量来支付费用。这种计费模式不仅给云服务提供商带来了便利，还为用户提供了更加经济实惠的选择。对于信息安全研究人员来说，深入了解服务计量的方式和规则，有助于他们制定更为合理和有效的安全策略。

首先，了解服务计量的方式和规则有助于信息安全研究人员预测和控制成本。在云计算环境中，资源和服务的使用量通常以小时、数据量、计算单元等为单位进行计量，用户只需为实际使用的部分付费。信息安全研究人员可以根据这些计量单位，结合实际需求，来估算和规划所需的预算。通过精确的成本控制，他们可以在保证信息安全的前提下，更加合理地利用资源，避免浪费。

其次，服务计量的方式也为信息安全研究人员提供了更加灵活的安全策略制定依据。在云计算环境中，用户可以根据实际需求调整所使用的资源和服务量，这意味着安全策略的制定也需要具备一定的灵活性。信息安全研究人员可以通过分析服务计量的数据，了解实际使用情况，从而调整安全策略，使其更加符合实际需求。例如，在发现某些资源或服务的使用量异常增加时，信息安全研究人员可以及时调整安全策略，增加相应的防护措施，以确保信息安全。

此外，了解服务计量的方式有助于信息安全研究人员评估和优化安全策略的效果。通过对服务计量数据进行分析和比较，研究人员可以了解不同安全策略在实际应用中的效果差异，从而找出更加有效的安全策略。这种评估和优化过程不仅有助于提升信息安全水平，还可以帮助研究人员发现潜在的安全风险和问题，为未来的安全策略制定提供有力支持。

（六）弹性可扩展

云计算环境以其强大的弹性可扩展能力，成为现代信息技术领域的佼佼者。这种能力赋予了云计算环境一种独特的魅力，即能够根据业务需求快速调整资源和服务规模。这种灵活性使云计算环境在应对各种突发情况时表现得游刃有余，为业务的连续性和稳定性提供了坚实的保障。

首先，在传统的 IT 架构中，资源的分配和调整往往受到硬件设备的限制，难以根据实际需求灵活进行。而云计算环境则打破了这一局限，通过虚拟化技术将硬件资源池化，实现了资源的动态分配和弹性扩展。当业务需求增加时，云计算环境能够迅速增加资源供应，满足业务的快速发展；而当业务需求减少时，其又能够自动收缩资源，避免资源的浪费。这种弹性的资源分配方式使云计算环境在应对业务需求变化时具有极高的灵活性和适应性。

其次，弹性可扩展的特性在安全领域也发挥了重要作用。随着网络攻击的不断升级和复杂化，传统的安全防护手段已经难以满足现代企业的安全需求。而云计算环境弹性可扩展的特性，使其能够迅速增加安全资源，提高安全防护的灵活性和适应性。例如，当检测到网络攻击时，云计算环境可以迅速增加防火墙、入侵检测系统等安全设备的数量，提高安全防护能力，有效应对网络攻击。

最后，云计算环境的弹性可扩展能力还为企业提供了更为丰富的服务选择。在云计算环境中，企业可以根据自己的需求选择不同的服务类型和服务规模。例如，需要大量计算资源的大型企业可以选择使用云计算环境提供的高性能计算服务，而只需要少量计算资源的小型企业则可以选择使用云计算环境提供的轻量级计算服务。这种灵活的服务选择方式使企业能够根据自己的实际需求来定制云计算服务，有利于提高服务的针对性和实用性。

综上所述，云计算环境的弹性可扩展能力为其在信息技术领域的发展提供了强大的支持。这种能力不仅使云计算环境能够应对各种突发情况，保障业务的连续性和稳定性，也提高了安全防护的灵活性和适应性，为企业提供了更为丰富的服务选择。

三、云计算环境的优势

（一）高度集成化的安全管理

云计算提供了高度集成化的安全管理功能。在云计算环境中，人们可以实现对安全策略、安全事件、安全日志等信息的统一管理和监控。这种集成化的管理方式不仅提高了安全管理的效率，还有助于人们及时发现和应对潜在的安全风险。同时，云计算平台还提供了丰富的安全服务，如数据加密、身份认证、访问控制等，为网络信息安全提供了有力保障。

（二）强大的数据处理能力

云计算拥有强大的数据处理能力，在其环境下，人们可以实现对海量数据的快速分析和处理。这种能力在网络信息安全领域具有重要意义。通过对安全日志、流量数据等信息的实时分析，人们可以及时发现网络中的异常行为和安全威胁，从而采取相应的应对措施。此外，云计算平台还可以提供高效的数据存储和备份服务，确保数据安全可靠。

（三）降低信息安全成本

云计算环境的优势还在于可以有效降低信息安全成本。传统的信息安全解决方案往往需要投入大量的人力、物力和财力。而在云计算环境中，人们可以通过共享资源、降低硬件投入、减少维护成本等方式，降低信息安全成本。

（四）促进信息安全技术创新

云计算为信息安全技术创新提供了有力支持。在云计算环境中，研究人员可以更加便捷地获取和利用各种安全资源和技术成果，推动信息安全技术的快速发展。同时，云计算环境还提供了丰富的应用场景和实验环境，为研究人员提供了更加广阔的创新空间。

第二章　计算机网络信息安全概述

第一节　信息与信息安全

一、信息的定义

要了解计算机网络信息安全，首先要了解什么是信息。信息是一种以特殊的物质形态存在的实体。信息的定义有很多种，人们从不同侧面揭示了信息的特征与性质，但同时也存在这样或那样的局限性。

我国钟义信教授在《信息科学原理》一书中把信息定义为：事物运动的状态和状态变化的方式。

信息不同于消息，消息是信息的外壳，信息则是消息的内核。信息不同于信号，信号是信息的载体，信息则是信号所承载的内容。信息不同于数据，数据是记录信息的一种形式，同样的信息也可以用文字或图像来表述。当然，在计算机中，所有的多媒体文件都是用数据表示的，计算机和网络上信息的传递都是以数据的形式进行的，此时信息等同于数据。

信息最基本的特征是信息来源于物质，又不是物质本身；它从物质的运动中产生，又可以脱离源物质而寄生于媒体物质，相对独立地存在。信息是具体的，可以被人（生物、机器等）感知、提取、识别，可以被传递、储存、变换、处理、显示、检索和利用。信息的基本功能在于维持和强化世界的有序性，促进人类文明的进步和人类自身的发展。

二、信息安全及其基本特征

（一）信息安全的概念

信息安全是一个广泛而抽象的概念。所谓信息安全，就是关注信息本身的安全，而不管是否应用了计算机作为信息处理的手段。信息安全的任务是保护信息财产，以防偶然的或未授权者对信息的恶意泄露、修改和破坏，从而导致信息的不可靠或无法处理等。这样可以使人们在最大限度地利用信息的同时而不招致损失或使损失最小。

（二）信息安全的基本特征

信息安全是一门新兴学科，关于信息安全的具体特征目前尚无统一的界定标准。但在现阶段，信息安全至少应具有机密性、完整性、可用性等基本特征。

1.机密性

机密性是指保证信息不泄露给非授权的用户、实体的特性。换言之，就是保证只有授权用户可以访问和使用数据，而限制其他人对数据进行访问或使用。数据机密性在商业、军事领域具有特别重要的意义。如果一个公司的商业计划和财政机密被竞争者获得，那么该公司就会面临极大的麻烦。根据不同的安全要求和等级，数据一般分成敏感型、机密型、私有型和公用型等类型，管理员常对这些数据的访问添加不同的访问控制。保证数据机密性的另一个易被人们忽视的因素是管理者的安全意识。一个有经验的黑客可能会收买或欺骗某个职员，从而获得机密数据，这是一种常见的攻击方式，在信息安全领域称为社会工程。

2.完整性

完整性是指数据未经授权不能进行任何改变的特性。完整性保证即保证信息在存储或传输过程中不被修改、不被破坏和不丢失的特性。完整性保证的目的就是保证计算机系统中的数据和信息处于一种完整和未受损害的状态，也就是说数据不会因有意或无意的事件而被改变或丢失。数据完整性的丧失将直接影响数据的可用性。

在信息安全立法尚不发达的阶段，典型的蓄意破坏情况也常常发生。例如，一个被解雇的公司职员入侵企业的内部网络，并肆意删去一些重要的文件。为了破坏一个站点，入侵者可能会利用软件的安全缺陷或网络病毒对站点进行攻击，并删去系统中的重要文件，迫使系统工作终止或不能正常运转。这类破坏的目的可能有很多，有的破坏是为了显示破坏者的计算机水平，有的是为了报复，有的可能只是一个恶作剧。

自然灾害，如水灾、火灾、龙卷风等，可能会破坏通信线路或公司的整个网络，造成信息在传输中丢失、毁损，甚至使数据全部消失，以致公司损失全部的订货、发货信息以及员工信息等。对于这类破坏，最好的方法就是对数据进行备份。对于简单的单机系统，重要数据不多，可采用软盘人工备份。鉴于软盘可靠性较差，一般应多备份几份。对于一些大型商业、企业网络，如银行、保险交易网，必须安装先进的大型网络自动备份系统，并在空间上实施异地存储来提高信息的可恢复性。

3.可用性

可用性是指数据可被授权实体访问并按需求使用的特性。保证可用性的最有效的方法是提供一个具有普适安全服务的安全网络环境，通过使用访问控制阻止未授权资源访问，利用完整性和保密性服务来防止可用性攻击。

（1）避免受到攻击

一些基于网络的攻击旨在破坏、摧毁网络资源。解决办法是加强对这些资源的安全防护，使其不受攻击。免受攻击的方法包括关闭操作系统和网络配置中的安全漏洞，控制授权实体对资源的访问，防止路由表等敏感网络数据的泄露。

（2）避免未授权使用

当资源被使用、占用时，其可用性就会受到限制。如果未授权用户占用了有限的资源（如处理能力、网络带宽和调制解调器连接等），则这些资源对授权用户就是不可用的。利用访问控制可以限制未授权使用。

（3）防止进程失败

操作失误和设备故障也会导致系统可用性降低。解决方法是使用高可靠性设备、提供设备冗余和提供多路径的网络连接等。

三、信息安全模型

（一）通信安全传输模型

经典的通信安全传输模型如图 2-1 所示，通信一方要通过传输系统将消息传送给另一方，传输系统提供的信息传输通道是不安全的，存在攻击者。将敏感消息通过不安全的通道传给接收方一般要先对消息进行安全变换，得到一个秘密的安全消息。安全秘密消息到达接收方后，再经过安全变换的逆变换，恢复原始的消息。在大多数情况下，对消息的安全变换是基于密码算法来实现的，在变换过程中使用的秘密信息不能为攻击者所知道。

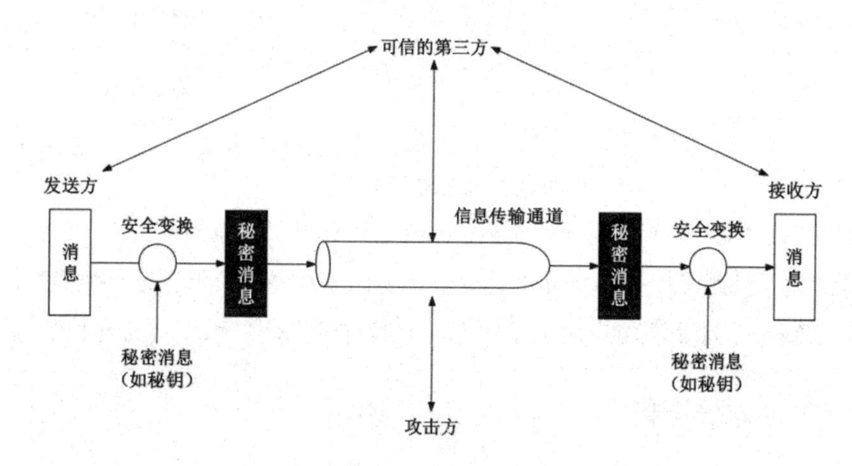

图 2-1　经典的通信安全传输模型

为了保证传输安全，需要有大家都信任的第三方，第三方负责将秘密信息分配给通信双方，或者当通信的双方关于信息传输的真实性发生争执时，由第三方来仲裁。

根据上述安全模型，设计安全服务需要完成以下四个基本任务：

①设计一个恰当的安全变换算法，该算法应有足够高的安全性，不会被攻击者有效地攻破。

②产生安全变换中所需要的秘密信息，如密钥。

③设计分配和共享秘密信息的方法。

④指明通信双方使用的协议，该协议利用安全算法和秘密信息实现系统所需要的安全服务。

（二）信息访问安全模型

还有一些与安全相关的情形不完全适用以上模型，威廉·斯托林斯（William Stallings）给出了如图 2-2 所示的信息访问安全模型。该模型能保护信息系统不受有害的访问，如阻止黑客通过网络访问信息系统，或者阻止有意或者恶意的破坏，或者阻止恶意软件利用系统的弱点来影响应用程序的正常运行。

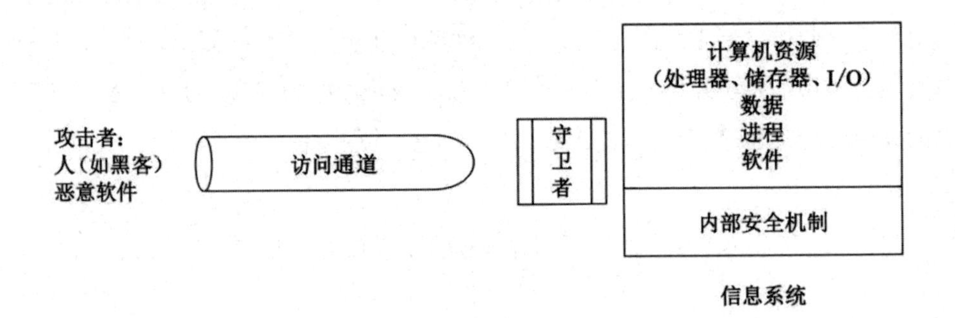

图 2-2　信息访问安全模型

对付有害访问的安全机制分为两类：一类是具有门卫功能的守卫者，它包含基于认证的登录过程，只允许授权的实体不越权限地合法使用系统资源；另一类称为信息系统内部安全机制，一旦非法用户突破了守卫者，其将受到信息系统内的各种监视。

（三）动态安全模型

基于上述模型的安全措施，都属于静态的防护措施，其通过采用严格的访问控制和数据加密策略来提供防护，但在复杂系统中，这些策略是不充分的。这些措施都是以降低信息传输速度为代价的，而且不能保证万无一失。由于系统、组织和技术都是发展变化的，攻击也是动态的，因此动态安全模型更切合实际需求。

在这种形势下，著名的计算机安全公司 Internet Security Systems Inc.提出了 P^2DR（policy, protection, detection, response，安全策略、防护、检测、响应）模型，如图 2-3 所示。在这个模型中，安全策略是模型的核心。在具体的实施过程中，策略意味着网络安全要达到的目标，防护包括安全规章、安全配置和安全措施，检测有异常检测和误用检测两种方法，响应包括报告、记录、反应和恢复等措施。

图 2-3 P²DR 模型

《信息技术安全评价通用准则》（*The Common Criteria for Information Technology Security Evaluation*, CC）使用威胁、漏洞和风险等词汇定义了一个动态的安全概念和关系模型，如图 2-4 所示。

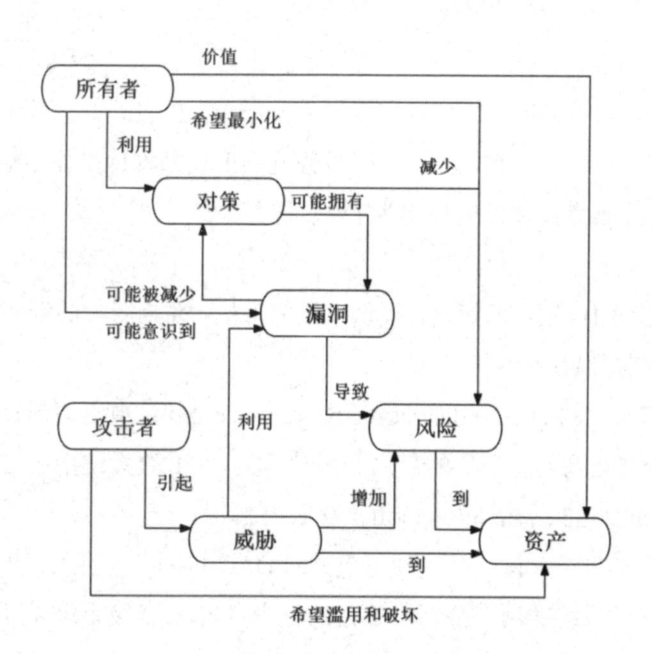

图 2-4 CC 定义的安全概念和关系模型

这个模型反映了所有者和攻击者之间的动态对抗关系，它也是一个动态的风险模型和效益模型。

四、信息安全的评价标准

（一）国际安全评价标准

目前，国际上比较重要和公认的安全标准有美国《可信计算机系统评价标准》（*Trusted Computer System Evaluation Criteria*, TCSEC）、欧洲《信息技术安全评估标准》（*Information Technology Security Evaluation Criteria*, ITSEC）、《加拿大可信计算机产品评价标准》（*Canadian Trusted Computer Product Evaluation Criteria*, CTCPEC）等。

1.美国 TCSEC

1985年，美国国防部基于军事计算机系统保密工作的需求，颁布了TCSEC，把计算机安全等级分为四类七级（按照安全从低到高的级别顺序，依次为D级、C1级、C2级、B1级、B2级、B3级、A1级）。

（1）D级

D级表示最低保护，指未加任何实际的安全措施，D级的安全等级最低。D级系统只为文件和用户提供安全保护。D级系统最普遍的形式是本地操作系统，或一个完全没有保护的网络，如磁盘操作系统被定为D级。

（2）C级

C级表示被动的自主访问策略，提供审慎的保护，并为用户的行动和责任提供审计服务，由两个级别组成：C1和C2。

Cl级：具有一定的DAC（discretionary access control，自主访问控制）机制，通过将用户和数据分开达到安全保护的目的。用户认为，C1级系统中所有文档均具有相同的机密性，如UNIX的owner/group/other存取控制。

C2级：具有更细分（每一个单独用户）的DAC机制，且引入了审计机制。在连接到网络上时，C2级系统的用户分别对各自的行为负责。C2级系统通过登录过程或安全事件和资源隔离来增强这种控制。C2级系统具有C1级系统中所有的安全特征。

（3）B级

B级是指被动的强制访问策略，由三个级别组成：B1级、B2级和B3级。B级系统具有强制性保护功能，目前较少有操作系统能够符合B级标准。

B1级：满足C2级所有的要求，且需具有所用安全策略模型的非形式化描述，实施 MAC（mandatory access control，强制访问控制）。

B2 级：系统的 TCB（trusted computing base，可信计算基）是基于明确定义的形式化模型，并对系统中所有的主体和客体实施 DAC 和 MAC。另外，具有可信通路机制、系统结构化设计、最小特权管理以及对隐蔽通道的分析和处理等功能。

B3 级：系统的 TCB 设计要使系统中所有的主体能对客体的访问进行控制，TCB 不会被非法篡改，且 TCB 设计要小巧且结构化，以便于分析和测试其正确性。

（4）A 级

A 级表示形式化证明的安全。A 级的安全级别最高，只包含一个级别 A1。

A1 级：与 B3 级类似，它的特色在于形式化的顶层设计规格（formal top level design specification, FTDS）、形式化验证 FTDS 与形式化模型的一致性和由此带来的更高的可信度。

上述细分的等级标准能够用来衡量计算机平台（如操作系统及其基于的硬件）的安全性。

2.欧洲 ITSEC

20 世纪 90 年代，西欧四国（英、法、荷、德）联合提出了 ITSEC，带动了国际计算机安全的评估研究，其应用领域为军队、政府和商业。该标准除吸收了 TCSEC 的成功经验外，还首次提出了信息安全的保密性、完整性、可用性的概念，并将安全概念分为功能与评估两部分，使可信计算机的概念提升到可信信息技术的高度。

3.CTCPEC

CTCPEC 将产品的安全要求分成安全功能和功能保障可依赖性两个方面。其中，安全功能根据系统保密性、完整性、有效性和可计算性定义了六个不同等级（0～5）。保密性包括隐蔽信道、自主保密和强制保密；完整性包括自主完整性、强制完整性、物理完整性和区域完整性等属性；有效性包括容错、灾难恢复及坚固性等；可计算性包括审计跟踪、身份认证和安全验证等属性。根据系统结构、开发环境、操作环境、说明文档及测试验证等要求，CTCPEC 将可依赖性定为八个不同等级（T0～T7），其中 T0 级别最低，T7 级别最高。

（二）中国安全评价标准

我国于 1999 年颁布的《计算机信息系统安全保护等级划分准则》（GB 17859—1999），

在参考 TCSEC、ITSEC 和 CTCPEC 等标准的基础上，将计算机信息系统安全保护能力划分为用户自主保护级、系统审计保护级、安全标记保护级、结构化保护级、访问验证保护级五个安全等级。

1.用户自主保护级

本级的计算机信息系统可信计算基通过隔离用户与数据，使用户具备自主安全保护的能力。它具有多种形式的控制能力，对用户实施访问控制，即为用户提供可行的手段，保护用户和用户组信息，避免其他用户对数据的非法读写与破坏。

2.系统审计保护级

与用户自主保护级相比，本级的计算机信息系统可信计算基实施了粒度更细的自主访问控制，它通过登录规程、审计安全性相关事件和隔离资源，使用户对自己的行为负责。

3.安全标记保护级

本级的计算机信息系统可信计算基具有系统审计保护级的所有功能。此外，还需提供有关安全策略模型、数据标记以及主体对客体强制访问控制的非形式化描述，具有准确地标记输出信息的能力，消除通过测试发现的任何错误。

4.结构化保护级

本级的计算机信息系统可信计算基建立于一个明确定义的形式化安全策略模型之上，它要求将第三级系统中的自主和强制访问控制扩展到所有主体与客体。此外，还要考虑隐蔽通道。本级的计算机信息系统可信计算基必须结构化为关键保护元素和非关键保护元素。计算机信息系统可信计算基的接口也必须明确定义，使其设计与实现能经受更充分的测试和更完整的复审。

5.访问验证保护级

本级的计算机信息系统可信计算基满足访问监控器需求。访问监控器仲裁主体对客体的全部访问。访问监控器本身是抗篡改的；必须足够小，能够分析和测试。为了满足访问监控器需求，计算机信息系统可信计算基在其构造时，排除那些对实施安全策略来说并非必要的代码；在设计和实现时，从系统工程角度将其复杂性降到最低。支持安全管理员职能；扩充审计机制，当发生与安全相关的事件时发出信号；提供系统恢复机制。系统具有很高的抗渗透能力。

第二节　计算机网络信息安全的内容及原则

一、计算机网络信息安全的内容

计算机网络信息安全的内容非常广泛，涉及的学科众多。一般而言，我们可以将计算机网络信息安全的内容分为五个方面，即物理安全、网络安全、系统安全、应用安全、管理安全，如图 2-5 所示。

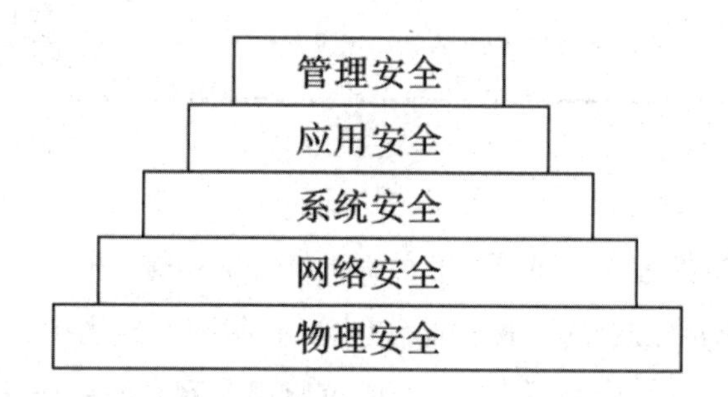

图 2-5　网络空间信息安全所涉及的内容

下面对这五个方面的内容进行简要分析。

（一）物理安全

我们可以把物理安全称为实体安全，这类安全就是对计算机的物理设备以及设施等进行保护，使其免受各种自然灾害与环境事故的伤害，以及一些人为的失误操作和犯罪分子的蓄意破坏。保障计算机的物理安全是保障计算机信息系统整体安全的前提。以下是物理安全的三个主要方面：

①环境安全。环境安全是指保障计算机系统周边环境的安全。譬如，放置计算机的地区是否安全，是否会受到自然灾害，危险能不能及时处理、防御等；区域的保护到不到位，典型的就是电子监控有没有落到实处。

②设备安全。设备安全是指是否有基础的防护设备，如防火设备、防盗设备、防电

磁信息辐射泄漏设备等。

③媒体安全。媒体安全包含数据的安全与媒体自身的一些安全保护。

（二）网络安全

网络安全的组成如表 2-1 所示。

表 2-1　网络安全的组成

网络安全	局域网络与子网的安全	访问控制，如防火墙
		网络安全检测，如入侵检测系统
	数据传送在网络中的安全	对数据进行加密，如 VPN
	网络空间的运行安全	备份和恢复
		应急措施
	网络空间的协议安全	TCP 与 IP
		其他协议

在网络安全当中，内外部网络之间的隔离与访问控制可以利用防火墙来实现，这不仅是保护内网最主要的措施，还是最有效、最经济的措施。所谓网络安全检测工具，就是指评估以及分析网络安全的一种软件或硬件，计算机系统当中存在的潜在漏洞与安全隐患都可以利用该类工具检测出来。这样既可以提高网络的安全性，又可以做到防患于未然，一旦发现漏洞还可以及时进行补救。

我们在使用计算机的时候，经常会用到备份，其主要目的就是在突发情况下尽快将计算机系统运行的所需数据与相关信息复原，以免造成工作困扰。随时将文件备份是一个好习惯，这样能预防因操作失误而出现的数据遗失等情况，从而能避免损失。及时备份也能保护数据免受黑客的破坏。不管发生什么意外，一旦没有备份，数据就会遭到破坏，后果将不堪设想。除此之外，备份也是系统灾难恢复的前提之一。

（三）系统安全

用户常用的系统包括操作系统和数据库系统两种。用户通常对操作系统的安全性比较重视，而对数据库系统的安全性不够重视。实际上，数据库系统作为众多应用系统的底层平台，其安全性也十分重要。系统安全的组成如表 2-2 所示。

表 2-2　系统安全的组成

<table>
<tr><td rowspan="6">系统安全</td><td rowspan="4">操作系统安全</td><td>系统安全检测</td></tr>
<tr><td>入侵检测（报警器）</td></tr>
<tr><td>审计分析</td></tr>
<tr><td>反病毒</td></tr>
<tr><td rowspan="2">数据库系统安全</td><td>数据库安全</td></tr>
<tr><td>数据库管理系统安全</td></tr>
</table>

（四）应用安全

应用安全的组成如表 2-3 所示。

表 2-3　应用安全的组成

<table>
<tr><td rowspan="3">应用安全</td><td rowspan="2">应用软件开发平台的安全</td><td>各类编程语言平台的安全</td></tr>
<tr><td>程序本身安全</td></tr>
<tr><td>应用系统的安全</td><td>应用软件系统安全</td></tr>
</table>

应用安全与有很多固定规则的网络安全与数据安全技术等都不一样，它相对比较灵活，不同的用户其应用也是各种各样的。因此，对于应用安全保护的投入相对较多，而且应用安全保护不是靠现成的工具就可以完成的，需要安全保护人员依靠经验来完成。

（五）管理安全

要使安全解决方案的效益更好，必然少不了以人为核心的管理支持与策略。很多时候，在计算机网络信息安全保护当中，技术手段不是最重要的因素，对人的管理更加重要。如果管理安全方面有漏洞，那么技术设备就算再先进也无济于事，计算机系统的安全还是无法得到保障。由此可见，管理安全是计算机网络信息安全中一个重要的内容。

需要注意的一点是，计算机网络信息安全保护是一个动态的过程，不能将其理解为目标。因为那些影响计算机网络信息安全的因素并不是静止不变的，而是动态变化的。只有动态变化的保护才能保证计算机网络信息系统的安全。譬如，Windows 操作系统就会时常发布安全漏洞，但是在没有发现这个漏洞的时候，人们就会认为自己的系统是安全的，殊不知系统当中早已存在潜在隐患，只是其在被发现的时候才会被称为漏洞。因此，需要及时对系统进行更新、修补。

二、计算机网络信息安全的基本原则

（一）最小特权原则

所谓最小特权原则，是指一个对象或实体所拥有的权限只能是为实施其分配任务所需要的最小特权，并且坚决不能超过该权限。

该原则是计算机网络信息安全的一个基本原则。网络管理员最开始为用户分配权限的时候，只会将相应服务的最小权限赋予他们，后续的权限提升是需要按照实际情况与对用户的掌握程度而定的。并不是所有的用户都需要获取系统当中的所有服务，因此其也没有修改系统文件的必要性。

计算机网络信息系统当中的系统管理员或超级用户具有对全部资源进行存取与分配的权利，因此它的安全极其重要。若不对其加以控制，系统就有可能遭受不可估量的损失。由此可见，对系统管理员或超级用户的权限进行控制是非常有必要的。管理系统的人不止一个，系统是由多个管理员进行管理的，他们的任务是不一样的，分工明确并相互制约是对管理员的基本要求，每一个管理员都只有相应管理模块的权限。

要想保障系统的安全性，就要限制信息系统当中的主体与客体，并且限制得越严格，安全性就越高。但是，一味地通过限制来保障系统安全性是不可取又毫无意义的，最小特权原则虽要执行，但也不能完全因为它的执行而使网络服务无法正常运作。

（二）纵深防御原则

纵深防御原则是指要想保障安全就不能只靠一种安全机制，而是需要多种机制相互支撑、扶持。

防火墙虽然是一种非常好的安全机制，能够对内部网络进行一定的防护，使其免受侵袭，但盲目地依靠防火墙来保证安全是绝对不行的，因为它只属于安全策略当中的一部分。像一些冒充与欺骗的攻击以及内部的攻击等，防火墙都无法阻止。除了防火墙，相关人员还需要采取多种防御措施，如运用代理、备份、入侵检测技术等，只有这样才可以将安全风险降到最低。

（三）最薄弱链接原则

链的强度主要由它最薄弱的链接所决定。系统会被攻破，主要是因为其本身存在着漏洞或缺陷，攻击者会从这些最薄弱之处入手。若用户对计算机网络信息系统还不够了解，其就不会注意到这些最薄弱的“链接”，也无法将它们修复，如此一来，安全隐患就一直存在，从而无法保证系统的安全性。

要保护最薄弱的链接，需要做到以下几点：

①及时对安全产品进行升级与修补。

②对待各方面的安全要一视同仁，若只重视外部入侵而忽视内部入侵，就可能出现安全隐患。

③尽可能使最薄弱的链接处更加坚固，能够在危险到来时保持强度平衡。

（四）失效保护状态原则

所谓失效保护状态原则，就是指在系统失效以后，安全保护系统能够自动开启，使系统处于一个安全状态，从而避免入侵。在计算机网络信息系统当中，绝大多数的应用在设计时都遵循失效保护原则。假设包过滤路由器发生故障，那么不管什么信息想要进入都会被拒绝；倘若代理服务器发生故障，那么不管哪一种服务都不会被提供，目的就是保护系统的安全。

在安全策略当中，可以选择以下两种状态：

①默认拒绝状态。除了被允许的信息或事件，其他一概被禁止。在安全策略失败的时候，可以执行的应用必须是事先就已经被允许的，其他的应用一概被禁止。从安全的角度来看，默认拒绝状态比较有效，大部分的人都会选择这种状态。

②默认许可状态。默认许可与默认拒绝是两个极端，所谓默认许可，就是指除了指明的拒绝事情，其他一概被允许。当安全策略失败的时候，除了那些事先被禁止执行的应用，其他的应用都是被允许的，这种方式存在一定的安全隐患，但比较受欢迎。

（五）普遍参与原则

所谓普遍参与原则，是指所有与安全机制相关的人员都应该有意识地参与进来，如管理者、普通职员以及每一个用户，这样才能够提高安全机制的有效性。若成员可以从安全机制当中随意退出，那么会给侵入者提供一个突破的机会，首先对内部豁免的系统进行侵袭，再将其当作跳板对内部进行攻击。而且黑客的攻击时间以及方式都是不统一的，就算有入侵检测系统也不一定能够立即发现该安全问题，若系统异常而相关人员没有“普遍参与”的意识，那么其就不可能马上发现问题并进行处理。

（六）防御多样化原则

所谓防御多样化原则，就是指所使用的安全保护系统都各不相同，避免因一个产品的缺陷而导致满盘皆输的结果。需要注意的是，要提防那些防御的虚假多样化。譬如，在很多普通的 UNIX 网络应用当中，不管它们运行的平台是 BSD（Berkeley software distribution，伯克利软件套件）还是 System V，二者在本质上是相似的。而且 BSD 在很多的特定供应商的不同版本当中都存在着或多或少的安全问题，如果分别购买 BSD 与 System V 产品，就可能导致防御的虚假多样化。

（七）简单化原则

在这个企业规模越来越大、信息系统功能越来越复杂的社会当中，安全需求也越来越难以满足。与此同时，安全产品将会越来越专业，安全策略也将变得更加烦琐，这也对安全方案的实施产生了一定的影响。

程序越复杂，存在小毛病的可能性也就越大，再小的问题都有可能成为一个安全隐患。因此，复杂化对于计算机网络信息安全而言具有很大的消极影响。事情一旦变得复杂，就会变得难以控制，它的安全性也会有所降低。由此可见，不管是信息系统安全策略的制定，还是安全技术的设计，都要讲究简单明了。安全策略越简单，就越便于管理者与普通人员理解，进而才能够更好地实施。

第三节　计算机网络信息安全分析与管理

一、计算机网络信息安全常见的攻击手段

（一）欺骗型攻击——社会工程学攻击

社会工程学攻击是一种利用人的弱点，如好奇心、贪便宜等进行欺骗与伤害，从而获取利益的手法。社会工程学不是一门科学，因为它不是总能重复和成功，而且在被攻击者信息充分的情况下会自动失效。

现实中运用社会工程学的犯罪很多。短信诈骗（如诈骗银行信用卡号码）、电话诈骗（如以知名人士的名义去推销）等都运用了社会工程学的方法。近年来，越来越多的黑客转向利用人的弱点来实施网络攻击。利用社会工程学手段突破信息安全防御措施的事件已经呈现出泛滥的趋势。

社会工程学攻击是以不同的攻击形式和多样的攻击方法实施的，并始终在不断完善和快速发展。一些常用的社会工程学攻击方法即使现在仍然时有出现。以下是一些常用的社会工程学攻击方法：

1.伪造一封来自好友的电子邮件

这是一种常见的利用社会工程学策略从大堆的网络人群中攫取信息的方式。在这种情况下，攻击者会侵入一个电子邮件账户，并发送含有间谍软件的电子邮件到联系人列表中的其他地址簿。值得强调的是，人们通常信任来自熟人的邮件附件或链接，这便让攻击者轻松得手。

2.钓鱼攻击

钓鱼攻击是指入侵者使用精心设计的技术手段，伪造一些以假乱真的网站并引诱受害者根据指定的方法进行操作，使受害者“自愿”交出重要信息或被窃取重要的信息（如银行账户密码）。

通常，网络骗子冒充成受害者所信任的服务提供商来发送邮件，要求受害者通过给

定的链接尽快完成账户资料更新或升级现有软件。大多数钓鱼攻击要求受害者立刻去做一些事，否则将承担一些严重的后果。受害者点击邮件中嵌入的链接后将被带到一个专为窃取受害者的登录口令而设计的冒牌网站中。“钓鱼大师”另一个常用的手段便是给受害者发邮件，声称受害者中了彩票或可以获得某些促销商品，要求受害者提供银行信息以便接收彩金。在一些情况下，骗子还冒充公安人员表示已经找回受害者“被盗的钱”，需要受害者提供银行信息以便拿回这些钱。

3.诱饵计划

在此类型的社会工程学阴谋中，攻击者利用了人们对于最新电影或热门视频的超高关注，从而对这些人进行信息挖掘。这在分享网络中很常见。

还有一个流行的方法便是以低价贱卖热门商品。这样的策略很容易被用于假冒合法拍卖网站，用户也很容易上钩。邮件中提供的商品通常是不存在的，而攻击者可以利用受害者的账户获取受害者的银行信息。

4.主动提供技术支持

在某些情况下，攻击者冒充来自微软等公司的技术支持团队，回应受害者的一个解决技术问题的请求。尽管受害者从没寻求过这样的帮助，但受害者会因为自己正在使用微软产品并存在技术问题而尝试点击邮件中的链接以享用这样的“免费服务”。

一旦受害者回复了这样的邮件，便与想要进一步了解受害者的计算机系统细节的攻击者建立了联系。在某些情况下，攻击者会要求受害者登录“他们公司系统”或只是简单地申请访问受害者系统的权限。有时他们发出一些伪造命令在受害者的系统中运行，这些命令则是为了给攻击者访问受害者计算机系统提供更大权限。

（二）利用型攻击

利用型攻击是一类试图以获取系统的访问权甚至实现远程控制为目的的攻击方式，主要包括口令破解、缓冲区溢出攻击、木马病毒传播等方式。

1.口令破解

口令是进行安全防御的第一道防线。对大多数黑客来说，破解口令是一项核心技术。网络管理员了解口令破解过程有助于加深对口令安全的理解，从而维护网络的安全。口令破解是网络攻击最常用的一种技术手段，在漏洞扫描结束后，如果没有发现可以直接利用的漏洞，就可以用口令破解来获取用户名和用户口令。

口令破解的方法包括：

①穷举法：给定一个字符空间，在这个字符空间中用所有可能的字符组合去生成口令，并测试是否为正确的口令，这又称为蛮力（暴力）破解。

②字典法：尝试的口令不是根据算法从一个字符空间里生成的，而是从口令字典里读取单词进行尝试。

口令破解的对象包括：操作系统登录口令；网络应用口令，如邮箱、论坛等的用户口令；软件加密口令，如 Office 文档、WinRAR 压缩文档等的口令。这些文档的口令可以有效地防止文档被他人使用和阅读。但是如果密码位数不够长，则容易被破解。

2.缓冲区溢出攻击

（1）缓冲区溢出攻击的基本概念

计算机中所有的可执行文件或系统服务的动态链接库文件都以数据的形式存储在计算机硬盘上，当执行或系统启动时调入内存并驻留内存。根据汇编语言的知识，程序的三段式结构驻留内存后也分为代码段、数据段和堆栈三部分，分别存储只读二进制码、静态数据、临时变量和函数返回指针等。

缓冲区就是程序运行期间在内存中分配的一个连续的区域，用于保存包括字符数组在内的各种数据类型。

溢出就是指所填充的数据超出了原有缓冲区的边界，并且非法占据了另一段内存区域。

缓冲区溢出攻击是一种系统攻击的手段，指通过向程序的缓冲区写超出其长度的内容，造成缓冲区的溢出，从而破坏程序的堆栈，使程序转而执行其他指令，以达到攻击的目的。

（2）缓冲区溢出攻击的实现

缓冲区溢出攻击的目的是获取目标的权限，特别是控制权。通常来说，实现缓冲区溢出攻击的基本前提有以下三点：存在溢出点、可以更改函数返回指针值、可以执行攻击者的攻击代码。

前两个前提很好实现，但对于第三个前提，则存在有无攻击代码及如何使进程执行该攻击代码的问题。目前有两种方法可以实现，即指令跳转法和代码植入法。

指令跳转法指的是如果内存中已经存在可以获取权限的指令，则通过缓冲区溢出覆盖被溢出程序的返回地址并使其指向跳转指令，进而执行跳转指令，转到可以获取权限的指令处执行。

代码植入法是最常用的方法，即在构造溢出字符串时，将获取权限的代码以二进制指令的形式存储在溢出字符串中，直接将攻击代码写入目标主机内存。如何知道缓冲区的地址，在何处放入攻击代码也是要解决的问题。由于每个程序的堆栈起始地址都是固定的，所以理论上可以通过反复重试缓冲区相对于堆栈起始位置的距离来得到缓冲区的地址。但这样的盲目猜测可能要进行数百上千次，实际上是不现实的。解决的办法是在Shell代码前面放一长串的NOP（空指令），返回地址可以指向这一串NOP中的任一位置，执行完NOP指令后程序将激活Shell进程。这样就大大提高了猜中的可能性。

3.木马病毒传播

（1）木马的基本概念

木马的全称为特洛伊木马，源自希腊神话中的木马屠城记。计算机网络世界的木马是一种能够在受害者毫无察觉的情况下渗透到系统中的程序代码，在完全控制了受害系统后，能秘密地进行信息窃取和破坏。它与控制主机之间建立起连接，使控制者能够通过网络控制受害系统，其通信原理遵照TCP/IP（transmission control protocol/Internet protocol，传输控制协议/网际协议）。木马秘密运行在对方计算机系统内，像一个潜入敌方的间谍，为其他人的攻击打开后门。

木马程序从本质上而言就是一对网络进程，其中一个运行在受害者主机上，被称为服务端，另一个运行在攻击者主机上，被称为控制端。攻击者通过控制端与受害者服务端进行网络通信，达到远程控制或其他目的。鉴于服务端的特殊性，通常所说的木马指的是木马服务端。

木马服务端具有三个典型特征：隐蔽性、非授权性和功能特殊性。

（2）木马的工作原理

典型木马的工作过程可划分成配置木马、传播木马、运行木马、建立连接、信息窃取及远程控制六个步骤。

通过对木马工作的过程进行分析，我们可以发现，木马程序必须做到以下四点才能实现其作用：

①有一段程序执行特殊功能；

②具有某种策略使受害者接收这个程序；

③该程序能够长期运行，而且程序的行为方式不会引起用户的怀疑；

④入侵者必须有某种手段回收因木马发作而为他带来的实际利益。

这四点被分别定义为木马的功能机制、传播机制、启动机制及连接机制。下面通过对这四种机制的分析来深入认识木马的工作原理及入侵手段。

第一，功能机制。木马的典型功能主要包括以下几种：

①远程控制功能。大多数木马可以实现远程控制功能，比如基于正向连接的BO2000、冰河等，基于反向连接的灰鸽子、网络神偷等。

②文件窃取功能。文件窃取是一种基于无连接的木马服务端的特殊功能，这样的木马服务端一旦植入受害者主机，则在受害者主机上按照木马编写者的需要进行搜索。例如“试卷大盗”，搜索包含“题目”“试卷”“试题”等关键词的文件，将找到的文件发送到指定的邮箱或下载到指定的站点位置。

③一些特殊功能。木马可以完成攻击者预置的一些特定功能，如破坏、网络攻击等。例如，“僵尸”程序 Bots 可以组成“僵尸网络”，用于完成 DoS（denial of service，拒绝服务）攻击和 DDoS（distributed denial of service，分布式拒绝服务）攻击。

第二，传播机制。木马的传播方式除了病毒式传播，还有以下四种：

①网页木马传播。常见的方式：将木马伪装成页面元素，此时木马会被浏览器自动下载到本地；利用脚本运行漏洞下载木马；利用脚本运行漏洞，释放隐含在网页脚本中的木马；将木马伪装为缺失的组件，或和缺失的组件捆绑在一起，如 Flash 播放插件，这样既达到了下载的目的，又能使下载的组件被浏览器自动执行；通过脚本运行调用某些 COM 组件，利用其漏洞下载木马；在渲染页面内容的过程中利用格式溢出释放木马。

②欺骗式传播。攻击者将木马伪装成 txt、bmp、html 等无害文件的图标，上传到服务器并诱骗用户下载，或通过发送 QQ 附件、邮件附件等诱骗用户下载以达到攻击的目的。

③文件捆绑式传播。例如，将木马捆绑到一个安装程序上，当安装程序运行时，木马在用户毫无觉察的情况下在后台启动。eXeScope 程序就可以完成文件捆绑功能。再如，将木马捆绑到一个 Word 文档上，用户打开 Word 文档时执行宏运行木马。

④主动攻击传播。攻击者利用系统漏洞主动发起攻击，获得上传文件权限后将木马上传至目标主机，再利用计划任务或注册表的启动项执行木马，以实现远程控制的

目的。

第三，启动机制。启动机制可使木马一次执行后每次开机自动执行，可用的方法有：开始菜单的启动项；在 Winstart.bat 中启动；在 Autoexec.bat 和 Config.sys 中加载运行；win.ini/system.ini，部分木马采用，不太隐蔽；注册表，隐蔽性强，多数木马采用；注册服务，隐蔽性强，多数木马采用；修改文件关联，只见于国产木马。

第四，连接机制。木马种植者为回收木马为其带来的利益，必须解决木马控制端与受害者的木马服务端的连接问题，即木马的连接机制。

按照木马控制端与服务端在连接中所扮演的角色，木马的连接机制可以划分为以下三类：

①正向连接。采用正向连接时，木马服务端打开一个特定的监听端口，作为守护进程隐蔽地运行在受害者主机上，被动等待攻击者的控制端与其连接。由于攻击者不确定哪台计算机感染了木马，因此攻击者需要对整个或特定的网络进行扫描，查找打开特定端口的计算机，建立连接，实现远程控制。这种连接方法很容易被防火墙阻断，因此攻击者又推出了反向连接机制。

②反向连接。反向连接指的是由攻击者主机上的控制端打开监听，作为守护进程等待受害者主机与之相连。受害者主机一旦感染了木马，木马服务端运行后，则向攻击者主机发起连接，并为之提供服务。

反向连接需要让服务端知道向谁发起连接，即知道“上家”是谁。目前有两种方法实现：一是将控制端地址、端口信息写入服务端。这种方法不够灵活，攻击机变更主机或主机地址后难以成功连接。二是通过在第三方网站上存储一个配置文件实现，攻击机变更主机或主机地址后可通过修改配置文件使木马重新连接。

③无连接。无连接是指攻击者控制端与受害者服务端之间不存在直接连接，控制端通过第三方中转站接收服务端发来的数据。这种方法最隐蔽，难以发现并阻止。

（三）DoS 攻击

1.DoS 攻击的基本原理

DoS 攻击的主要目的是降低或剥夺目标系统的可用性。因此，凡是可以实现该目标的行为均可被认为是 DoS 攻击。DoS 攻击既可以是物理攻击，比如拔掉网络接口、剪断网络通信线路、关闭电源等，也可以是对目标信息系统的攻击。本书只讨论对目标信息系统的攻击。

DoS 攻击不以获得系统的访问权为目的，其基本原理是利用缺陷或漏洞使系统崩溃、耗尽目标系统及网络的可用资源。早期的 DoS 攻击主要利用 TCP/IP 协议栈或应用软件的缺陷，使目标系统或应用软件崩溃。随着技术的进步和人们安全意识的提高，现代操作系统和应用软件的安全性有了大幅度的提高，可被利用的漏洞越来越少。目前，DoS 攻击试图耗尽目标系统（通信层和应用层）的全部能力，使其无法为合法用户提供服务或不能及时提供服务。

DDoS 攻击是目前威力最大的 DoS 攻击方法。DDoS 攻击利用了 Client/Server 技术，将多台计算机联合起来对一个或多个目标发动 DoS 攻击，从而大幅提高了 DoS 攻击的威力。

由于 DoS 攻击简单有效，不需要很高深的专业知识就可发起，且这种攻击具有通用性并大多利用了网络协议的脆弱性，因此 DoS 攻击一直是网络信息系统可用性的重要威胁之一。

2.DoS 攻击的分类

根据其内部工作机理，DoS 攻击可以分成四类：带宽耗用攻击、资源衰竭攻击、漏洞利用攻击以及路由和 DNS（domain name system，域名系统）攻击。对四种不同的 DoS 攻击介绍如下：

（1）带宽耗用攻击

带宽耗用攻击的本质是攻击者消耗掉某个网络的所有可用带宽，主要用于远程 DoS 攻击。这种攻击有以下两种方式：

①攻击者由于有更多的可用带宽，因此可能造成受害者网络拥塞。比如，一个拥有 100 Mb/s 带宽的攻击者可造成 2 Mb/s 网络链路的拥塞，即较大的管道“淹没”较小的管道。如果攻击者的带宽小于目标的带宽，则在单台主机上发起带宽耗用攻击无异于剥夺自己的可用性。

②攻击者通过征用多个网点集中拥塞受害者的网络，以提高 DoS 攻击效果。比如，分布在不同区域的 100 个具有 2 Mb/s 带宽的攻击代理同时发起攻击，足以使拥有 100 Mb/s 带宽的服务器失去响应能力。这种攻击方式要求攻击者事先入侵并控制一批主机（被控制的主机通常被称为“僵尸”），然后协调“僵尸”同时发动攻击。

（2）资源衰竭攻击

任何信息系统拥有的资源都是有限的。系统要保持正常的运行状态，就必须具有足够的资源。如果某个进程或用户耗尽了系统的资源，其他用户就无法使用系统。从其他用户的角度来看，其对系统的可用性被剥夺了。这种攻击方式称为资源衰竭攻击，既可用于远程攻击，又可用于本地攻击。

一般来说，资源衰竭攻击涉及诸如 CPU 利用率、内存、文件系统限额和系统进程总数之类系统资源的消耗。攻击者往往拥有一定数量系统资源的合法访问权，但是他们也会滥用这种访问权消耗额外的资源。这样一来，系统的其他合法用户被剥夺了原来享有的资源份额。资源衰竭攻击通常会因系统崩溃、文件系统变满或进程被挂起等而导致资源不可用。

目前，针对 Web 站点出现了一种有效的、被称为“刷 Script 脚本攻击”的攻击方式，其特征是和服务器建立正常的 TCP 连接，并不断地向脚本程序提交查询、列表等大量耗费数据库资源的调用。一般来说，提交一个指令对客户端的耗费和对带宽的占用几乎是可以忽略的，而服务器为处理此请求却可能要从上万条记录中查出某个记录，这种处理过程对资源的耗费是很大的，常见的数据库服务器很少能支持数百个查询指令的同时执行，而提交指令对于客户端来说却是轻而易举的。因此，攻击者只需通过 Proxy 代理向目标服务器大量递交查询指令，在数分钟内就会把服务器资源消耗掉，从而完成拒绝服务攻击，常见的现象就是网站响应变慢、数据库主程序占用 CPU 偏高等。这种攻击的特点是可以完全绕过普通的防火墙防护，找一些 Proxy 代理就可实施攻击。缺点是面对静态页面的网站时效果不佳，并且有些 Proxy 会暴露攻击者的 IP 地址。

（3）漏洞利用攻击

程序是人设计的，不可能完全没有错误。这些错误体现在软件中就成了缺陷，如果该缺陷可被利用，则成了漏洞。例如，利用缓冲区溢出漏洞可以使目标进程崩溃。

应当指出的是，系统中的某些安全功能如果使用不当，也可能造成 DoS 攻击。比如，在系统设置了用户试探口令次数的情况下，若用户无法在指定的次数内输入正确的口令，则账户会被锁定，此时攻击者可以利用这一点故意多次输入错误口令而使合法用户被锁定。

（4）路由和 DNS 攻击

路由攻击，是指通过发送伪造的路由信息、产生错误的路由而干扰正常的路由过程。

早期版本的路由协议由于没有考虑到安全问题，没有或只有很弱的认证机制。攻击者利用此缺陷就可以伪造路由，将数据转移到一个并不存在的网络上，从而造成 DoS 攻击或数据泄密。

DNS 攻击是指通过各种手段，使域名指向不正确的 IP 地址。当合法用户请求某台 DNS 服务器执行查找请求时，攻击者就把它们重定向到自己指定的网址。常见的攻击手法是域名劫持、DNS 缓存“投毒”和 DNS 欺骗。

3.典型的 DoS 攻击技术

（1）死亡之 Ping

死亡之 Ping 利用 Ping 命令向目标主机发送超过 64 K 的 ICMP（Internet control message protocol，互联网控制报文协议）报文，以进行 DoS 攻击。这种攻击可对未打补丁的 Windows NT 系统起作用，可以直接造成目标主机蓝屏死机。

（2）SMB 致命攻击

SMB（session message block，会话消息块协议）又叫作 NetBIOS 或 LanManager 协议，用于不同计算机之间文件、打印机、串口和通信的共享。SMB 有很多版本，在 Windows 98/NT/2000/XP 中使用的是 NTLM0.12 版本。利用该协议可以进行各方面的攻击，比如可以抓取其他用户访问自己计算机共享目录的 SMB 会话包，然后利用 SMB 会话包登录对方的计算机。

利用 SMB 漏洞可以进行一种典型的 DoS 攻击，即 SMB 致命攻击。SMB 致命攻击可以让对方操作系统重新启动或蓝屏死机。其工具软件为 SMBDieV1.0，该软件对打了 SP3、SP4 的 Windows 2000 的计算机依然有效，要防范这种攻击，必须打专门的 SMB 补丁。

（3）泪滴攻击

泪滴攻击指的是向目标机器发送损坏的 IP 包，诸如重叠的包或过大的包载荷。该攻击可以通过 TCP/IP 协议栈中分片重组代码中的程序错误来瘫痪各种不同的操作系统。

防范泪滴攻击的有效方法是给操作系统安装最新的补丁程序，修补操作系统漏洞；同时对防火墙进行合理的设置，在无法重组 IP 数据包时将其丢弃，而不进行转发。

（4）Land 攻击

向目标主机发送源地址与目的地址相同的数据包，使目标机在解析 Land 包时占用太多资源，从而使网络功能完全瘫痪。不同系统对 Land 攻击的反应不同，许多 UNIX 系统会崩溃，而 Windows NT/2000 会变得极其缓慢。

（5）DNS 攻击

早期的 DNS 存在漏洞，可以被利用，从而产生危害。以下为 DNS 曾经存在的两个著名的漏洞：

①DNS 主机名溢出：指 DNS 处理主机名超过规定长度的情况。不检测主机名长度的应用程序可能在复制这个名时导致内部缓冲区溢出，这样攻击者就可以在目标计算机上执行任何命令。

②DNS 长度溢出：DNS 可以处理在一定长度范围之内的 IP 地址，一般情况下应该是 4 字节。如果用超过 4 字节的值格式化 DNS 响应信息，一些执行 DNS 查询的应用程序就会发生内部缓冲区溢出，这样远程的攻击者就可以在目标计算机上执行任何命令。

（6）邮件炸弹

攻击者在短时间内连续寄发大量邮件给同一收件人，使收件人的信箱容量不堪负荷而无法收发邮件，甚至使收件人在进入邮箱时引起系统死机。邮件炸弹不仅会使收件人无法接收其他邮件，还会加重网络流量负荷，甚至导致整个邮件系统瘫痪。

（7）SYN Flood（SYN 洪水）攻击

SYN Flood 攻击主要利用了 TCP 协议的缺陷。在建立 TCP 连接的三次握手中，如果不完成最后一次握手，则服务器将一直等待最后一次的握手信息直到超时，这样的连接被称为半开连接。

如果向服务器发送大量伪造 IP 地址的 TCP 连接请求，则最后一次握手无法完成。此时服务器中有大量的半开连接存在，这些半开连接占用了服务器的资源。如果在规定时限之内的半开连接数量超过了上限，则服务器将无法响应新的正常连接。这种攻击方式被称为 SYN Flood 攻击。SYN Flood 攻击是当前较为流行的 DoS 攻击的方式之一。

一般来说，当一个系统（或主机）负荷突然升高甚至失去响应时，使用 netstat 命令能看到大量 SYN_RCVD 的半连接，若数量超过 500 或占总连接数的 10%以上，则可以认定这个系统（或主机）遭到了 SYN Flood 攻击。

（8）Smurf 攻击

Smurf 攻击是最著名的网络层 DoS 攻击，它结合了 IP 欺骗和 ICMP 回应请求，使大量的 ICMP 回应报文充斥目标系统。由于目标系统优先处理 ICMP 消息，因此目标将因忙于处理ICMP回应报文而无法及时处理其他网络服务，从而拒绝为合法用户提供服务。

Smurf攻击利用了定向广播技术，由三个部分组成：攻击者、放大网络（也称为反弹网络或站点）和受害者。攻击者向放大网络的广播地址发送源地址，伪造成受害者IP地址的ICMP返回请求分组，这样看起来是受害者的主机发起了这些请求，导致放大网络上所有的系统都将对受害者的系统做出响应。如果一个攻击者给一个拥有100台主机的放大网络发送单个ICMP分组，那么DoS攻击的效果将会放大100倍。

Smurf攻击的过程如下：黑客向一个具有大量主机和因特网连接的网络（反弹网络）的广播地址发送一个欺骗性Ping分组（echo请求），该欺骗分组的源地址就是攻击者希望攻击的系统；路由器接收到这个发送给IP广播地址的分组后，会认为这就是广播分组。这样路由器从因特网上接收到该分组后，会对本地网段中的所有主机进行广播。网段中的所有主机都会向欺骗性分组的IP地址发送echo请求。如果这是一个很大的网段，则可能会有几百个主机对收到的echo请求进行回复。由于多数系统都会尽快地处理ICMP传输信息，因此目标系统很快会被大量的echo信息吞没，这样就能够轻而易举地阻止该系统处理其他任何网络传输请求，从而拒绝为正常系统提供服务。

（四）APT攻击

1.APT攻击的概念

APT（advanced persistent threat，高级持续性威胁）是一种以商业和政治为目的的网络犯罪类别，通常使用先进的攻击手段对特定目标进行持续性的网络攻击。这种攻击不会追求短期的收益或单纯的破坏，而是以步步为营的渗透入侵策略为主，低调隐蔽地攻击每一个特定目标，不做多余的活动，以免“打草惊蛇”。

2.APT攻击的特点

（1）技术上的高级

0day漏洞：APT攻击者需要了解对方的软件和环境，有针对性地寻找只有攻击者知道的漏洞，绕过现有的保护体系实现利用。

0day特马：APT攻击采用新型特殊木马绕过现有防护。

通道加密：APT攻击使用加密通道，利用常见必开的协议（如DNS）或合法加密的协议（如HTTPS）。

（2）投入上的高级

全面信息的收集与获取；针对不同目标的工作分工；多种手段的结合，如“社会工程学＋物理”。

APT 攻击往往针对人的薄弱环节与信任体系，攻击人的终端。由于常见的信息流通道如邮件、Web 访问等缺乏深度检测，因此 APT 攻击通常利用人与人间的信任和社会工程学方法获取权限。

3.APT 攻击的阶段划分

APT 攻击可划分为以下六个阶段：

（1）情报收集

黑客通过一些公开的数据源搜寻和锁定特定人员并加以研究，然后开发出定制化攻击方式。

这是黑客收集信息的阶段，其可以通过搜索引擎配合诸如爬网系统在网上搜索需要的信息，并通过过滤的方式筛选自己所需要的信息。

（2）首次突破防线

黑客在确定好攻击目标后，将会通过各种方式来试图突破攻击目标的防线。常见的渗透突破的方法包括电子邮件、即时通信和网站挂马。

黑客通过社会工程学手段欺骗企业内部员工下载或执行包含零漏洞的恶意软件（一般安全软件无法对其进行检测），恶意软件运行之后即建立了“后门”，等待黑客的下一步操作。

（3）幕后操纵通信

黑客在控制一定数量的计算机之后，为了保证程序能够不被安全软件检测和查杀，会建立命令，控制及更新服务器，对自身的恶意软件进行版本升级，以达到免杀的效果。同时，一旦时机成熟，黑客还可以通过这些服务器下达指令。

黑客采用 HTTP/HTTPS 标准协议来建立沟通，突破防火墙等安全设备。同时，黑客定期对程序进行检查，判断是否免杀，只有当恶意软件被安全软件检测到时，黑客才会对其进行版本更新，以降低被发现的概率。

（4）横向移动

黑客入侵之后，会尝试通过各种手段进一步入侵企业内部的其他计算机，同时尽量提升自己的权限。黑客主要利用系统漏洞入侵。企业部署漏洞防御补丁的过程存在时差，甚至部分系统由于自身原因无法部署相关漏洞补丁。在入侵过程中恶意软件可能会留下一些审计报错信息，但是这些信息一般会被忽略。

（5）资产/资料发掘

在入侵进行到一定程度后，黑客就可以接触到一些敏感信息，可通过服务器下达资料发掘指令。具体来说，就是采用端口扫描方式获取有价值的服务器或设备，通过列表命令获取计算机上的文档列表或程序列表。

（6）资料外传

资料外传同样会采用标准协议，如 HTTP/HTTPS 等。信息泄露后黑客再根据信息进行分析识别，判断是否可以进行交易或破坏，这会对企业和国家造成较大影响。

二、当前计算机网络信息安全的隐患

虽然海量的网络信息给政府治理和企业运营带来了极大的便利，改进了政府治理模式和企业的运营模式，但与此同时，计算机网络信息安全中仍存在不少问题，网络信息泄露导致的网络安全事件和网络犯罪依然层出不穷。

（一）基础设施存在安全漏洞

从理论上来讲，网络基础设施存在漏洞是不可避免的，在实际的应用过程中，Windows 系统、Solaris 系统以及 Linux 系统等的硬件都存在一定的安全漏洞，这是系统设计、生产时无法避免的。任何一个系统产生之初都会存在不同程度的隐患，随着使用时间的不断增加，硬件系统自身会产生磨损，系统功能也会削弱，落后于时代的要求。此外，计算机基础设施的软件操作系统也存在一定的安全漏洞，这就为木马入侵提供了便利条件。木马病毒的隐蔽性强，可以长时间潜伏在一些可执行的操作程序中，一旦被激发，会导致系统瘫痪，从而引发一系列计算机网络信息安全事件。

（二）信息收集缺乏明确标准

在现代网络社会，基本每个人的个人信息都被网络设施收集、存储和使用，政府部门和网络服务商也会通过提供服务的方式收集和存储用户的个人信息。由于缺乏明确的信息收集标准，因此出现了信息随意收集与共享的问题。

在信息社会，不管使用者是否同意网络运营商收集、存储和使用自己的信息，这些网络运营商都会采取提供服务的方式收集用户的个人信息。例如，某些购物平台除收集用户的姓名、手机号、地址等信息外，还会要求使用者登记收入情况、受教育情况、出生日期以及其他社会关系等。而导航软件通过为用户提供服务的方式，记录使用者的位置，获取某个地区的实时人流量信息，一方面将掌握的数据信息提供给其他企业获得经济利益，另一方面也可以取得一手数据信息。在此过程中，每个使用者的个人信息都被记录并成为数据库中的一部分，而使用者并没有得到任何系统的提醒。另外，某些平台还通过要求使用者“绑定”其他社交软件的手段过度收集使用者的信息。一些平台推出了“快捷登录”项目，使用者可以将此平台账户作为使用其他操作软件的账户。征得使用者授权之后，这些操作软件之间可以实现使用者的个人信息共享，减少使用者填写账号密码的烦恼，但也增加了使用者信息泄露的风险。

网络的平等开放性，保障了任一网络终端设备的使用者都可以用匿名方式随时发布、传播、存储信息。针对同一事件的信息发布，可以呈现出多点信息源隐蔽散发、难以控制的特点。一般来说，单点信息源发布、传播某一个公民的个人信息，极易被埋没在海量网络信息之中，不会对信息权利人造成严重的后果。但是，如果将单点的网络数据信息通过搜索引擎或者大数据分析技术与其他机构的网络信息进行交叉检测，就会识别出公民的个人身份，侵害公民的隐私权。例如，在破获的一起案件中，警察逮捕了一家信息中介公司的负责人，并在他的计算机中查获存储使用者个人信息的数据库，涉及的公民信息记录多达 1 000 万条。这些信息依据一定的分类标准进行划分，方便快速查找和搜寻。另外，这个数据库具有一键查询功能，一旦输入使用者的联系方式，就可以查询用户的地址、房产等其他个人信息。网上存在大量违法交易个人信息的“QQ 群”，这些“信息二道贩子”虽然处于产业链底端，数量却越来越多，是违法交易信息的主要参与人员。

网络技术和大数据技术的发展，为海量网络数据信息的收集和存储提供了技术支撑；企业为了实现精准营销，不断通过各种应用软件收集用户的个人信息；用户在使用网络的过程中也留下了大量的浏览痕迹，这些数据在数据库中经过大数据技术的交叉分析，能够精准定位使用者的隐私信息，一旦这些信息流入不法分子手中，就会给公民个人和社会发展带来严重的影响。

（三）信息存储缺少安全保护

政府和网络服务提供商承担着信息安全保护者的角色，但是在实际的信息使用过程中，网络服务商出于经济利益的考量，过多地关注信息的使用价值，而忽视了对网络信息的安全保护。网络信息的存储缺少安全保护，会给黑客提供便利条件，导致计算机网络信息安全事件的发生。

网络信息泄露，侵犯了信息主体的隐私权，甚至会构成网络信息犯罪。网络诈骗与客户端软件结合，甚至与传统电话诈骗结合，成为新型诈骗的显著特点。电信诈骗之所以如此猖獗，很大一部分原因是网络技术的发展为诈骗者提供了便利，他们通过网络获取大量公民信息，使精准诈骗成为可能。

三、当前网络信息安全风险管理的措施

（一）风险识别

1.信息资产识别

资产是指那些具有价值的信息或资源，是信息安全风险评估的对象，同时也是恶意攻击者攻击的目标。因此，信息资产识别是开展信息安全风险评估的基础。

信息资产是具有一定价值且值得被保护的与信息相关的资产。信息系统管理的首要任务是确定信息资产，主要是确定资产价值的大小、资产的类别以及需要保护的资产的重要程度，从而选择性地进行资产保护。信息资产既有有形资产，又有无形资产。有形资产包括物理上的计算机设备、厂房设施等。

信息系统安全保护的目的是保证信息资产的安全水平，这里的信息资产有虚拟的资产和物理的资产。对于不同资产，需考虑的安全性也有所不同。在考虑资产的安全性时，要综合各个因素对资产进行评估：信息资产因受到破坏所造成的直接损失；信息资产受到破坏后恢复所需要的成本，包括软硬件的购买与更新、所需要技术人员的数量；信息资产破坏对相关企业造成的间接损失，包括间接资产的损失和信誉上的影响；其他类型的因素，如企业对信息资产的保险额度的提高等。

2.安全威胁识别

网络环境下存在的各种威胁是网络信息系统安全风险识别的对象，是造成资产损失

的主要原因。因此，资产的安全威胁识别成为网络信息系统安全风险评估过程中必不可缺的一部分。

网络信息系统安全威胁是指对信息原本所具有的属性，如完整性、保密性和可用性构成潜在破坏的威胁。安全威胁受到各个方面的影响：从人为角度考虑，黑客的攻击数量、攻击方式都是影响安全威胁的因素；从系统的角度考虑，企业系统自身的安全等级、软硬件设施也是影响安全威胁的因素。确认信息系统所面临的威胁后，还要对可能发生的威胁事件做出评估。评估威胁要考虑到两个因素：一个是什么会对信息系统造成威胁，如环境、机会等；另一个是为什么对信息系统造成威胁，威胁的动机是什么，如利益驱动、炫耀心理等。

3.脆弱识别

脆弱识别是指识别信息资产当中可能遭受威胁的薄弱部分。在现实中，任何信息资产都可能存在一定的脆弱性，如应用只有通过不断地更新才能更加完善，但在完善的过程中依旧有需要修补的漏洞。在网络信息系统当中有很多这种类型的问题，只有针对网络信息系统中的每一项信息资产进行逐个分类，然后采取有针对性的保护，才能更好地保障网络信息系统的安全。

（二）风险分析

风险分析可以从宏观和微观两个方面来进行。从宏观层面来看，相关风险模型或标准能够提供分析的理论指导依据；从微观层面来看，实际的风险分析及评估方法能够提供具体的应用技术和实施手段。在网络安全领域，相关的风险分析体系是理论指导，具体实现技术则是切实有效的落实手段，只有这样，才能够全面有效地应对网络中的各种威胁和风险，保障系统的资产安全。

在不同时期，由于网络发展水平和安全技术研究水平不同，风险分析模型与评价标准也在随着时间的推移而不断变化。到现在，国内外已经建立了众多的技术框架体系，共同推动着安全风险分析的发展，最终实现对网络信息安全系统的保护。

风险分析主要从如何识别、如何应对、如何做好风险控制三方面出发，对系统风险进行有效分析。系统存在安全风险和有价值的资产，攻击者以获得资产为目标，通过利用系统的脆弱性实现目标，安全风险是由安全威胁引起的，信息系统所面临的威胁越多，其安全风险就越大。安全风险的增加会导致安全需求上升，进而促进安全设施以及安全管理的更新，以保障系统资产安全。

安全风险分析的基本流程：一是确定分析的目标、范围、分析方案；二是对系统资产、威胁以及脆弱性进行分析，并衡量其严重程度；三是按照一定的安全风险分析方法确定风险并计算风险；四是根据结果判断风险是否可以接受，如果不能接受则实施风险管理。

（三）风险实施

风险实施是采取行动计划以改进组织安全状态的过程。风险实施的目标是根据在风险规划阶段定义的时间表和成功标准执行所有的行动计划。风险实施与风险控制是紧密联系的。

（四）风险控制

网络信息安全风险控制的方式有三种：承担风险、转移风险和降低风险。

承担风险是指在了解到企业自身各个信息资产的价值和网络信息系统安全性的要求后，根据企业外部风险性和自身信息系统脆弱性来估计发生安全攻击事件的可能性和可能造成的损失，并且评估企业保护各种信息资产的投资成本，从而确定哪种信息资产不值得投入资金或者说投入的资金要大于保护该信息资产所获得的收益，进而对这类信息资产，企业选择承担不进行安全投资的风险。

转移风险则是将风险转移到其他类型资产上或者转移给其他机构，从而降低风险的方法，转移风险通常可以通过安全技术外包、商业保险或者和技术供应商签订协议的方式实现。

降低风险是指通过一定的技术方式或者改变管理方式来降低安全风险。降低风险可以通过设置对信息资产的访问权限、使用安全技术对抗威胁、检测安全资产漏洞等方法来实现。

网络信息安全风险不是越少越好，减少网络信息安全风险必然要投入一定量的资金，当网络信息安全投资不断增加时，可能出现网络信息安全投资带来的收益要小于网络信息安全投资所产生的成本的情况。正确的做法是，在网络信息安全风险处于合适的范围时，便不再进行网络信息安全投资。这种网络安全风险范围的评判标准对于不同类型的企业、系统以及信息资产，表现也有所不同。

第三章　计算机网络信息安全相关技术

第一节　防火墙技术

随着网络的迅猛发展，网络安全也成为备受关注的话题。防火墙作为第一道安全防线被广泛应用到网络安全中。防火墙就像一道关卡，允许授权的数据通过，禁止未经授权的数据通过，并记录报告。

一、防火墙概述

（一）防火墙的定义

防火墙这一名词引自建筑学，是指在楼宇里起隔离作用的墙。当有火灾发生时，这道墙可以防止火势蔓延到其他房间。这里所说的防火墙是指网络中的防火墙，它是用于隔离内部网络与外部网络的一道防御系统。两个网络的通信必须经过防火墙，防火墙根据预先制定好的规则允许或阻止数据通过。

严格来说，防火墙是一种隔离控制技术。它是位于两个信任程度不同的网络之间能够提供网络安全保障的软件或硬件设备的组合。它对两个网络之间的通信进行控制，按照统一的安全策略，阻止外部网络对内部网络重要数据的访问和非法存取，以达到保护系统安全的目的。防火墙系统可以是一个路由器、一台主机、一个主机群或者放置在两个网络边界上的软硬件的组合，也可以是安装在主机或网关中的一套纯软件产品。防火墙系统决定可以被外部网络访问的内部网络资源、可以访问内部网络资源的用户及该用户可以访问的内部网络资源、内部网络用户可以访问的外部网络站点等。

（二）防火墙的发展简史

自从 1986 年美国一公司在因特网上安装了全球第一个商用防火墙系统并提出防火墙的概念，防火墙技术得到了飞速的发展。许多公司相继推出了功能不同的防火墙系统产品。防火墙无论是在技术上还是在产品发展历程上，都经历了五个阶段。

1.第一代防火墙

第一代防火墙技术几乎与路由器同时出现，采用了包过滤（packet filtering）技术。第一代防火墙利用路由器本身对分组的解析，以访问控制列表方式实现对分组的过滤；过滤判决的依据可以是地址、端口号、IP 标记以及其他网络特征；只有分组过滤的功能，且防火墙和路由器是一体的，对安全性要求低的网络采用路由器附带防火墙功能的方法，对安全性要求高的网络则单独利用一台路由器作防火墙。但这种防火墙很难抵御 IP 地址欺骗等攻击，而且审计功能很差。

2.第二代防火墙

第二代防火墙，即电路层防火墙，是在 1989 年由贝尔实验室推出的，也称代理服务器，用来提供网络服务级的控制，起到外部网络向被保护的内部网络申请服务时的中间转接作用，这种方法可以有效防止对内部网络的直接攻击，安全性较高。

3.第三代防火墙

第三代防火墙是应用层防火墙（代理防火墙）的初步结构。第三代防火墙准确来说是美国国防部认为第一代和第二代的防火墙的安全性不够，希望能对应用进行检查，于是出资研制出有名的 TIS 防火墙套件。

4.第四代防火墙

1992 年，南加利福尼亚大学信息科学院开发出了基于动态包过滤技术的第四代防火墙，后来演变为目前所说的状态监视技术。1994 年，以色列的 Check Point 公司开发出了第一个采用这种技术的商业化产品。

5.第五代防火墙

1998 年，美国网络联盟公司 NAI 推出了一种自适应代理技术，并在其产品 Gauntlet Firewall for NT 中得以应用，为代理型防火墙赋予了全新的意义。

（三）防火墙的主要功能

防火墙是网络安全策略的组成部分，是在两个网络之间执行控制、检测的系统。它遵循一种允许或拒绝通信往来的网络安全机制，只允许授权的通信。因此，防火墙的主要工作是对数据和访问的控制、对网络活动的记录。根据不同的需要，防火墙的功能也有较大的差异，但大多防火墙都具有以下几个功能：

1.过滤进出网络的数据信息

防火墙被设置在网络的边界处，是数据信息进出网络的必经之路。防火墙按照预先制定的规则检查经过数据的细节，过滤掉不符合安全策略的数据信息，从而极大地提高了网络的安全性。

2.管理进出网络的访问行为

网络数据传输更多的是通过不同的网络访问服务实现的。由于只有经过精心选择的应用协议才能通过防火墙，所以防火墙可以杜绝外部攻击者利用脆弱的协议来攻击网络的行为。

3.集中安全保护

防火墙可作为一个中心的“遏制点”，将所有的安全功能（如口令、身份认证、审计等）集中配置在防火墙系统上，而不是分散配置到各个主机上。这样的集中安全管理更经济，也提高了网络的安全性。

4.对网络存取和访问进行监控审计

防火墙可以很方便地监视网络，并产生报警信号。防火墙对通过它的所有访问都进行日志记录，同时提供网络使用情况统计数据。这对网络管理员进行网络安全和需求分析是十分重要的。

5.作为部署 NAT 的地点

防火墙可以作为部署 NAT（network address translation，网络地址转换）的地点，将有限的 IP 地址动态或静态地与内部的 IP 地址对应起来，用来解决地址空间短缺的问题。

二、防火墙的分类

防火墙有多种分类标准，按照不同标准可分成多种类型。

（一）按照防火墙软硬件形式分

按照防火墙的软硬件形式，防火墙可以分为软件防火墙、硬件防火墙和芯片级防火墙三大类。

1.软件防火墙

软件防火墙运行于特定的计算机上。一般来说，这台计算机就是整个网络的网关。软件防火墙像其他的应用软件一样，需要计算机操作系统的支持，在计算机上安装好后才能使用。这类防火墙要求网络管理员对所使用的操作系统比较熟悉。

2.硬件防火墙

硬件防火墙是指在内部网与 Internet 之间放置一个硬件设备，来完成隔离或过滤外部人员对内部网络的访问。硬件防火墙是保障内部网络安全的一道重要屏障。它的安全和稳定，直接关系到整个内部网络的安全。因此，日常例行的检查对于保证硬件防火墙的安全是非常重要的。虽然硬件防火墙开发成本低廉，但由于使用的是通用的操作系统内核，因此会受到操作系统本身安全因素的影响，其吞吐量也有待进一步提高。这类防火墙最大的缺点是小包通过率比较低。

3.芯片级防火墙

芯片级防火墙是基于专门的硬件平台专用集成电路的防火墙，不需要操作系统的支持。数据经过网卡接收后，不经过主 CPU 处理，而是经过集成在系统中的芯片直接处理，由这些芯片来实现防火墙的功能。与其他类型的防火墙相比，芯片级防火墙的速度更快，处理能力更强，但价格昂贵，维修、升级成本高，而且难以实现复杂的功能。

（二）按照防火墙采用的技术分

按照防火墙采用的技术，防火墙可以分为包过滤防火墙和代理防火墙两大类。

1.包过滤防火墙

包过滤防火墙工作在网络层和传输层，它根据数据报源地址、目的地址、端口号和通信协议类型等标志判断是否允许数据通过。

此类防火墙的优点：处理包的速度快、效率高；提供透明的服务，用户不用更改客户端程序。

此类防火墙的缺点：不能彻底防止地址欺骗；不支持用户认证，不提供日志功能；允许数据包直接通过防火墙，有受到数据驱动式攻击的潜在危险。

2.代理防火墙

代理防火墙工作在应用层，通过对每种应用服务编制专门的代理程序，实现对应用层数据流的监视和控制。

其优点：可灵活、完全地控制进出的流量和内容，可以过滤数据内容；不允许数据包直接通过防火墙，避免了数据驱动式攻击的发生；能生成各种记录。

其缺点：对用户不透明，用户需要改变客户端程序；对于每项服务代理，可能要求不同的服务器，速度较慢；不能提高底层协议的安全性；不能保证免受所有协议弱点的限制。

（三）按照防火墙放置的位置分

按照被放置的位置，防火墙可以分为边界防火墙、个人防火墙和混合防火墙三类。

1.边界防火墙

边界防火墙是应用最为广泛的防火墙，处在内部网络和外部网络的边界处，把两个网络隔离开来，保护内部网络的安全。此类防火墙一般为硬件防火墙，要求吞吐量大，性能稳定。

2.个人防火墙

个人防火墙安装于单个主机中，只保护安装有防火墙的主机。此类防火墙适用于广大个人用户，通常是软件防火墙，是应用程序级的。它可以监视通过网卡的所有网络通信。其优点是价格便宜，易于配置；缺点是集中管理比较困难、性能比较差。

3.混合防火墙

混合防火墙是一整套防火墙体系，由若干软硬件组成，分布在网络边界和内部网络各主机之间。其既对内外网络之间的通信数据进行过滤，又对网络内部的各主机之间的通信数据进行过滤，可以说能对所保护网络进行全方位监控。此类防火墙性能最好，价格也最贵。

三、防火墙关键技术

目前防火墙采用的技术主要有两大类：包过滤技术和代理服务技术。包过滤技术包括静态包过滤技术和状态检测技术。代理服务技术包括应用层网关技术、电路层网关技术和自适应代理技术。创建防火墙时，通常很少只采用一种技术，应针对不同的安全需求综合采用多种技术。

（一）包过滤技术

包过滤是防火墙最核心、最基本的功能。现在的路由器一般都把具有包过滤功能作为一项必备指标。过滤标准是根据安全策略制定的过滤规则。

1.包过滤技术的原理

在以 TCP/IP 为基础的网络中，所有的通信都是被分割成许许多多一定长度的数据包传送的。数据包分为报头和数据两部分。其中，报头部分含有封装协议、源 IP 地址、目的 IP 地址、ICMP 消息类型、TCP/UDP（transmission control protocol/user datagram protocol，传输控制协议/用户数据报协议）的源端口和目标端口、TCP 报头中的 ACK（acknowledge character，确认字符）位等信息。当路由器接收到数据包后，会读取该数据包报头中的目的 IP 地址，然后选择一条合适的物理线路发送出去（数据包可能经由不同的线路到达目的地）。所有的数据包到齐后会在目的地重组还原。

包过滤技术在网络层读取流过它的每一个数据包的报头信息，然后用预先设定好的过滤规则与之逐条匹配。匹配成功的数据包，允许通过的被转发，不允许通过的则被丢弃。如果没有一条过滤规则与数据包报头的信息匹配，防火墙就会根据默认规则将其丢弃。包过滤技术是一种基于网络层的防火墙技术，其核心是包过滤算法的设计，也叫作安全策略设计。

2.包过滤技术的规则

包过滤技术在网络层对数据包进行选择的依据是系统内部设置的过滤逻辑表，有时也叫作访问控制列表，这就是过滤规则。包过滤设备部署好后，系统就需要根据安全要求创建相应的规则库，它是一组由允许或拒绝规则组成的规则集。包过滤规则库是在路由器上配置的，并且必须由设备端口存储起来。创建包过滤规则库要遵循以下基本原则：

①遵循“拒绝所有”的安全策略。先把内外网络隔离，在隔离的基础上再有条件地开放，可以大大减少网络安全威胁。

②规则库应该阻止任何外部网络用户对位于防火墙后面的内部网络主机的访问，但应该开放对隔离区应用服务器的访问。

③规则库应该允许内部网络用户有限制地访问外部网络。

表 3-1 列出了几条典型的过滤规则。

表 3-1　典型的过滤规则

规则编号	动作	协议类型	源 IP 地址	源端口号	目的 IP 地址	目的端口号
1	允许	TCP	172.17.30.1	Any	Any	Any
2	拒绝	TCP	Any	21	172.17.30.1	<2 048
3	允许	TCP	Any	21	172.17.30.1	Any
4	拒绝	Any	Any	Any	Any	Any

表 3-1 中，各条规则的含义如下：

规则 1：基于 TCP 协议，主机 172.17.30.1 可以访问任何主机。

规则 2：任何主机的 21 端口都可以访问主机 172.17.30.1 小于 2 048 的端口，如果是基于 TCP 协议的数据包则拒绝其通过。

规则 3：任何主机的 21 端口都可以访问主机 172.17.30.1 的任何端口，基于 TCP 协议的数据包允许通过。

规则 4：拒绝所有传输，在它前面明确规定允许传输的除外。

防火墙是按照规则库中的规则编号的顺序逐条与数据包报头信息匹配的。所以，规则的先后顺序不同，其产生的效果也大不相同。在表 3-1 中，如果规则 2 和规则 3 前后互换位置，那么规则 2 永远不会被执行。同理，如果把规则 4 放到最前面，则其后面的所有规则也都不会被执行。因此，在创建规则库时，越详细具体的规则，越要往前放，其规则编号越小；笼统的、范围大的规则要往后放。

3.静态包过滤技术

静态包过滤技术几乎是和路由器同时产生的，目前的路由器都具有包过滤功能。静态包过滤也叫无检查包过滤或无状态包过滤。该技术在检查数据包报头时，并不关注防火墙两边主机的连接状态，只是根据过滤规则库检查接收到的所有数据包报头来允许或者拒绝其通过。

包过滤技术的过滤功能是基于端口的。过滤设备各端口连接的网络不同，实施的安全策略也不相同。所以，只有将根据不同网络制定的过滤规则库存储在与其相连的端口上，安全策略才能被正确实施。

当数据包到达端口后，静态包过滤技术的操作如下：

①提取数据包的报头信息，检查 IP 报头和 TCP 报头中的相关字段。

②过滤规则按照先后顺序逐条与报头信息匹配。

③如果规则拒绝通过，数据包就被丢弃；如果规则允许通过，数据包就被转发；如果不能与任何规则匹配，数据包就被丢弃。

静态包过滤技术的优点：速度快、效率高、价格便宜；由于作用于网络层，与应用层毫不相干，所以对用户和应用来说是透明的，不需要对用户进行特殊的培训和在每台主机上安装特定的软件；所有通信都经过防火墙，绕过的可能性很小。

静态包过滤技术的缺点：不能有效防止 IP 地址欺骗，如当其他外部主机将 IP 地址伪装成可信任的外部主机的 IP 地址时，该技术不能辨别；过滤判断的信息有限，只要符合过滤规则就可以通过，不能区分数据包的好坏；不支持用户认证，没有日志功能；虽然可以过滤端口，但不能过滤服务，如在会话开始前，一些多媒体应用的端口号是未知的；管理功能弱，管理方式和用户界面较差，包过滤规则的配置、修改和补充比较困难。

4.状态检测技术

状态检测技术是包过滤技术的延伸，通常被称为动态数据包过滤。它是包过滤器和应用层网关的一种折中方案。它具有包过滤机制的速度和灵活性，也有应用层网关的应用层安全的优点。但是，其速度不如过滤机制好，在应用层所提供安全检查的全面性方面也不如应用层网关。

采用状态检测技术的防火墙对通过其建立的所有连接都进行跟踪，提取相关的通信和应用程序的状态信息。由用户预先定义的过滤规则库决定允许建立哪些会话，只有与当前会话相关联的数据才能通过防火墙。所以，状态检测防火墙除了要维护一个过滤规则库，还同时维护着一个状态表。状态表中至少包括源 IP 地址、源端口号、目的 IP 地址、目的端口号、TCP 序列号信息以及与这个特定会话相关的每条 TCP/UDP 连接的附加标记。防火墙通过状态表分析与该数据包有关的后续连接请求来做出合适的决定。状态检测技术的操作步骤如下：

①防火墙检查数据包是不是正在使用的通信流的一部分。

②如果数据包是正在使用的通信流的一部分，则系统将数据包与状态表的各项进行匹配。如果二者匹配，数据包被转发；如果二者不匹配，系统将数据包与过滤规则匹配。

③如果过滤规则拒绝通过，数据包被丢弃；如果过滤规则允许通过，数据包被转发，系统在状态表中创建或者更新一个连接项。防火墙将使用这个连接项对返回的数据包进行校验。

④防火墙通常通过对 TCP 包中的终止字段进行判断或者通过使用计时器来决定何时从连接中删除某连接项。

状态检测技术的优点：具有识别带有欺骗性源 IP 地址包的能力，能够提供详细的日志，检查的层面从网络层至应用层。

其缺点：可能会造成网络连接的某种延时，特别是在有许多连接同时激活或有大量的过滤规则存在时，但这种情况将随着硬件运行速度的不断提高而越来越不易被察觉。

（二）代理服务技术

代理服务技术比包过滤技术应用得晚，最初的代理服务技术只是为了提高网络通信速度，后来逐渐发展为能够提供强大安全功能的一种技术。

1.代理服务技术的原理

代理服务是指代表客户处理连接请求的专用应用程序，也可称为代理服务器程序。代理服务器接收到一个客户的连接意图时，先对客户的请求进行核实，并用特定的具有安全性的代理应用程序处理连接请求，然后将处理后的请求传递给真正的服务器，再接收真正服务器的应答，真正服务器进一步处理后将答复交给发出请求的客户。客户对代理服务器中间的传递是没有任何感觉的，还以为是直接访问了服务器。真正的服务器也是接触不到真正的客户的，只能接触到代理服务器，以为代理服务器就是客户。这样，代理服务器对客户就起到了保护作用。

代理服务器作为内部网络客户端的服务器，拦截所有请求，也向客户端转发响应。代理客户机负责代表内部客户端向外部网络服务器发出请求，也向代理服务器转发请求。

采用代理服务技术的防火墙叫作代理防火墙，代理防火墙主机可以是一台具有两个网络接口的双宿主主机，也可以是一台堡垒主机。它放置在内外部网络之间，就像一堵墙一样把两个网络隔离开。两个网络的主机不能直接通信，只能与代理服务打交道，代理服务器接收它们的服务请求，根据安全策略转发或拒绝服务。从代理服务的行为来看，代理防火墙就是一个网关。代理防火墙除了提供代理请求，还提供网络层的信息过滤功能；同时对过往的数据包进行分析，注册登记，形成报告，在发现攻击时向网络管理员发出警报，并保留痕迹。

2.代理服务技术的优缺点

代理服务技术可以提供良好的访问控制、登录和地址转换能力。与包过滤技术比较，二者各有优缺点，主要表现在以下几方面：

①包过滤技术允许数据包直接通过，有受到数据驱动式攻击的潜在危险；而代理服务技术不允许数据包直接通过防火墙，避免了数据驱动式攻击的发生，安全性好。

②包过滤技术只对数据包报头信息进行检测，其中只含有来自某台主机的信息，不包含来自用户的信息，其不支持用户认证，不提供日志功能；而代理服务技术对整个 IP 包的数据进行检测，能生成各项记录，支持用户认证，能灵活、完全地控制进出流量和内容。

③包过滤技术过滤规则定义复杂，容易出现配置不当的问题；而代理服务技术是基于应用层的，其配置界面非常友好，易于配置，并且方便与其他安全手段集成。

④包过滤技术处理包的速度快、效率高；而代理服务技术处理包的速度比较慢，效率不高。

⑤包过滤技术提供透明的服务，用户不用改变客户端程序；而代理服务技术对用户不透明，用户需要对客户端做相应的改动或安装定制的客户端软件。

⑥代理服务技术不能免受所有协议弱点的限制，也不能提高底层协议的安全性。

3.应用层网关技术

应用层网关技术的核心就是代理服务技术。应用层网关技术是基于软件的，通常安装在带有操作系统的主机上。它通过代理技术参与一个 TCP 连接的全过程，并在网络应用层上建立协议过滤和转发功能，所以叫作应用层网关，有时也称为代理服务或应用程序代理。应用层网关防火墙可以配置成允许来自内部网络的任何连接，也可以配置成要求用户认证后才建立的连接，为安全性提供了额外的保证，使从内部网络发动攻击的可能性大大降低。

在应用层网关中，每一种协议都需要相应的代理软件，常用的代理软件有 HTTP、FTP（file transfer protocol，文件传输协议）、POP3（post office protocol-version 3，邮局协议版本 3）和 SMTP（simple mail transfer protocol，简单邮件传送协议）等。对于

新开发的应用，没有相应的代理服务，其就不能通过防火墙来转发。

应用层网关防火墙的基本工作过程：当外部网络主机试图使用某种协议访问内部网络时，防火墙先检查数据包的报头信息和数据，按照安全规则决定是否允许连接。如果允许，其还需要在防火墙上经过身份认证。在外部网络主机通过身份认证后，防火墙运行一个专门为该协议设计的程序，把外部网络主机和内部网络主机连接起来。同样，内部网络用户要访问外部网络时，也要先经过防火墙允许，然后通过身份认证后方可对外访问。

应用层网关技术的优点：能够有效地实现内外部网络的隔离，安全性好；能够发挥较强的数据流监控、过滤、记录和报告功能。

其缺点：处理速度较慢；用户缺乏透明度；建立在通用操作系统之上，而操作系统本身的漏洞会给防火墙带来隐患。

应用层网关通常都拥有一个高速缓存，里面存储着用户频繁使用的页面。当用户要访问该页面时，服务器会检查页面是否已经更新，如果是页面最新版本，则系统直接将页面交给用户；否则，系统到真正的服务器上请求最新的页面，然后再转发给用户。

4.电路层网关技术

电路层网关也称为TCP通道，它通过在TCP三次握手建立连接的过程中检查双方的同步序列编号、ASK（amplitude-shift keying，幅移键控）和序列号来判断该会话是否合法。一旦网关认为会话是合法的，就建立连接，并维护一张合法会话连接表。当会话信息与表中的条目匹配时，系统才允许数据包通过。会话结束后，表中的条目就被删除。

电路层网关技术在网络的传输层实施访问策略，在内外部网络之间建立一个虚拟电路进行通信。它也是依靠特定的逻辑来判断是否允许数据包通过的，但和包过滤技术不同的是，电路层网关技术不允许TCP端到端的连接，而是建立两个连接。一个是网关与外部网络主机的连接，另一个是网关与内部网络主机的连接。当两个连接建立以后，网关只在内部连接和外部连接之间简单地来回拷贝字节，并将源IP地址转换为自己的地址，对外部网络隐藏了内部连接。

电路层网关的工作过程：内部网络主机使用某种协议发出访问请求，该主机上的客户端应用程序将请求发送到电路层网关的内部接口，然后经过防火墙进行身份认证。如果认证通过，网关将数据包与防火墙安全规则进行匹配。若匹配成功，网关将自己的

IP 地址作为源 IP 地址，与目的地址建立连接。网关接收到目的地址的应答后，转发给最先发出请求的内部网络主机。

电路层网关技术的优点：具有包过滤技术的所有优点，提供的 NAT 功能为网络管理员在使用内部地址机制时提供了很大的方便。

其缺点：建立连接会话后，其对传输的内容不做进一步分析，安全性能稍低；需要修改应用程序和执行程序；终端用户需要身份认证；容易受到 IP 欺骗类攻击。

电路层网关技术的一个应用实例是 SOCKS（protocol for sessions traversal across firewall securely，防火墙安全会话转换协议）。SOCKS 主要由运行在防火墙系统上的代理服务器软件包和连接到各种网络应用的应用程序的库函数包组成。当内部网络用户使用某种协议访问外部网络时，SOCKS 服务器对内部网络用户进行认证，并起到代理的作用，使内部网络用户可以透明地访问外部网络的主机。

5.自适应代理技术

自适应代理技术由两个基本要素组成：自适应代理服务器和动态包过滤器。自适应代理服务器与动态包过滤器之间存在一个控制通道。初始的安全检查仍在应用层进行，以保证传统防火墙的最大安全性。一旦可信任的身份得到认证，安全通道就建立了，随后的数据包就重新定位到网络层传输。这里做决定的仍然是代理服务器。

自适应代理技术把代理服务技术的安全性和包过滤技术的高速性紧密结合起来，同时保留了对包过滤器的控制权。这使网络管理员可以在“速度和安全”之间做出权衡，以满足不同的需求。

第二节　网络入侵检测

计算机网络现已渗透到人们的工作和生活当中，随之而来的非法入侵和恶意破坏也越发猖獗。原有的静态、被动的安全防御技术已经不能满足人们对网络安全的要求，一种动态的安全防御技术——入侵检测技术应运而生。

入侵是指在非授权的情况下，试图存取信息、处理信息或破坏系统，以使系统不可靠、不可用的故意行为。网络入侵通常是指掌握了熟练编写和调试计算机程序的技巧，并利用这些技巧来进行非法或未授权的网络访问或文件访问、入侵公司内部网络的行为。

一、入侵检测的概念和步骤

（一）入侵检测的概念

入侵检测就是通过从计算机网络或计算机系统中的若干关键点收集信息并对其进行分析，发现网络或系统中是否有违反安全策略的行为和遭到攻击的迹象，同时做出响应的行为。

（二）入侵检测的步骤

入侵检测分为以下两个步骤：

1.信息收集

入侵检测的第一步就是信息收集。入侵检测要求从计算机网络系统中的若干不同关键点处（不同网段和不同主机）收集信息，这样做的原因有两个：一是尽可能扩大检测范围；二是可能从单一关键点处的信息中看不出疑点，但多个关键点处信息的不一致性却是入侵的标识。入侵检测一般从系统和网络日志、文件目录和文件中的不期望改变，以及程序执行中的不期望行为和物理形式的入侵等方面进行信息采集。

2.数据分析

数据分析是入侵检测的核心，在这一阶段，系统利用各种检测技术处理收集到的信息，并根据分析结果判断检测对象的行为是否为入侵行为。

二、入侵检测相关技术

（一）简单模式匹配

简单模式匹配是指将收集到的数据与入侵规则库（很多入侵描述匹配规则的集合）进行逐一匹配，从而发现其中包含的攻击特征。这个过程可以很简单，如通过字符串匹配来寻找一个简单的条目或指令；也可以很复杂，如使用数学模型来表示安全的变化。

（二）专家系统

专家系统是最早的误用检测技术，早期的入侵检测系统多使用这种技术。专家系统首先要把入侵行为编码成相应的规则，使用类似于“if…then…”的规则格式输入已有的知识（入侵检测模式）。

专家系统的优点在于把系统的推理控制过程和问题的最终解答分离，用户只需把系统看作一个自治的“黑匣子”。现在比较适用的方法是把专家系统与异常检测技术相结合，构成一个以已知的入侵规则为基础、可扩展的动态入侵检测系统，自适应地进行特征与异常检测。

（三）人工神经网络

人工神经网络具有自学习、自适应的能力，只要提供系统的审计数据，人工神经网络就会通过自学习从中提取正常用户或系统活动的特征模式，避开选择统计特征的困难问题。它提出了对基于统计方法的入侵检测技术的改进方向，目前还没有成熟的产品，但该方法大有前途，值得研究。其主要不足是不能为其检测提供任何令人信服的解释。

（四）数据挖掘

数据挖掘以数据为中心，把入侵检测看作一个数据分析过程，从审计数据流或网络数据流中提取感兴趣的知识，将其表示为概念、规则、规律、模式等形式，用这些知识去检测异常入侵和已知的入侵。具体的工作包括利用数据挖掘中的关联算法和序列挖掘算法提取用户的行为模式，利用分类算法对用户行为和特权程序的系统调用进行分类预测。

三、入侵检测技术存在的问题

目前，国内外IDS（intrusion detection system，入侵检测系统）在产品和检测手段上都还不够成熟，主要存在如下问题：

（一）误报和漏报

误报和漏报是入侵检测技术面临的重要问题。例如，异常检测通常采用统计方法来进行检测，而统计方法中的阈值难以有效确定，太小的值会产生大量的误报，太大的值又会产生大量的漏报。

（二）隐私和安全

隐私和安全问题也是入侵检测技术需要考虑的重要问题。IDS 可以收集到网络上的所有数据，同时可以对数据进行分析和记录，这对网络安全极其重要，但难免会对用户的隐私构成一定的威胁。

（三）被动分析与主动发现

IDS 是采取被动监听的方式发现网络问题的，无法主动发现网络中的安全隐患和故障，如何解决这个问题也是入侵检测技术面临的问题。另外，检测规则的更新总是落后于攻击手段的更新的，从发现一个新的攻击到升级规则库之间有时间差，其间用户难免会受到入侵。

（四）没有统一的测试评估标准

目前，市场上正在应用或尚处于研发过程的 IDS 很多，各系统都有自己独特的检测方法，攻击描述方式以及攻击知识库还没有统一的标准。这增加了测试、评估 IDS 的难度。

第三节　计算机病毒防范技术

维护计算机信息安全必然要防范计算机病毒，因为大多数计算机病毒就是为破坏计算机系统的数据和文件而存在的。计算机病毒从 20 世纪 80 年代中后期广泛传播开来，如今，世界上已存在的计算机病毒有数万种，并且以每月几十种的速度增加。这给计算机信息安全带来了严重的威胁，人们不得不投入大量的时间和资金到病毒防范中。

一、计算机病毒的特征

目前，计算机病毒各有其不同的特征，但总的说来，计算机病毒又有明显的共性。计算机病毒主要有以下几种特征：

（一）破坏性

任何计算机病毒只要侵入计算机系统，都会对系统及应用程序产生不同程度的影响和破坏，轻则降低计算机的工作效率，占用系统资源，重则破坏数据，删除文件，甚至导致系统崩溃，给用户带来不可挽回的损失。

（二）传染性

传染性是计算机病毒的基本特征。计算机病毒能通过自我复制来感染正常的文件，达到妨碍计算机系统正常运行的目的。但病毒程序只有被执行之后才具有传染性，才能感染其他文件。计算机病毒一旦进入计算机系统中就会开始寻找机会感染其他文件。传染性是判断一个程序是否为计算机病毒的首要条件。

（三）隐蔽性

计算机病毒通常附在正常程序中或磁盘较隐蔽的位置，有时也以隐藏文件的形式出现，目的是不让用户发觉它的存在，从而实现非法进入计算机系统的目的。

计算机病毒的隐蔽性主要表现在两个方面：一方面是病毒程序设计精巧短小，一般只有几百字节或几千字节，当病毒感染文件但尚未发作时，用户不易觉察；二是病毒在感染文件或程序时，通常还会维持文件或程序原有的功能，不会出现文件无法打开、系统不能引导或者程序不能运行等情况，这样也使用户不易发觉。计算机病毒的隐蔽性为病毒的广泛传播提供了条件。

（四）寄生性

虽然计算机病毒是一种程序，但这种程序不是以独立文件的形式存在的，它寄生在合法的程序之中。这些合法的程序可以是系统引导程序、可执行程序、一般应用程序等。计算机病毒所寄生的合法程序称作计算机病毒的载体，也称为计算机病毒的宿主程序。当宿主程序被计算机系统调用时，计算机病毒程序也随之被调用并运行。

（五）潜伏性

一般来说，计算机病毒程序侵入计算机系统后不是立即发作的，而是要等到外部条件成熟才会被激活，只有这样它才可以广泛传播。这段等待时间就是计算机病毒的潜伏期。

计算机病毒的潜伏期长短不一，有些计算机病毒的潜伏期甚至长达几年。在潜伏期间，病毒程序可能不断地进行再生和传播，病毒的复制品或病毒的变种传播到各处。所以，计算机病毒的传染性和潜伏性有很大的关系，相对而言，潜伏期越长，病毒的传染性就越大。

（六）可触发性

很多计算机病毒都设置了触发条件，只有满足触发条件才实施相应的行为。设置触发条件既可以减少病毒不必要的活动，也可以很好地隐藏病毒。这些特定的触发条件一般都是计算机病毒制造者事先设定的，它可能是某个具体的时间、日期、文件类型，某些特定的数据或用户的某个操作，等等。

（七）针对性

目前出现的计算机病毒并不是对所有的计算机系统都进行传染。不同的计算机病毒感染的对象和运行环境不同，有的计算机病毒针对某一类型的文件进行传染和破坏，有的针对某一种操作系统或机型进行攻击。例如，有针对 PC 的病毒，有针对 UNIX 操作系统的病毒。现在流行的绝大多数计算机病毒都是针对 Windows 操作系统和 PC 的。

（八）不可预见性

从对计算机病毒的检测方面来看，病毒还具有不可预见性。计算机病毒种类繁多，病毒代码千差万别，而且新的病毒制作技术也在不断出现。因此，对于已知的病毒，人们可以进行检测、查杀，而对于一些新出现的病毒，人们却没有未卜先知的能力。尽管这些新病毒有某些病毒的共性，但它采用的技术更加复杂，具有不可预见性。

二、计算机病毒的防范措施

防止计算机病毒对计算机系统和用户造成破坏的理想方法是预防，即在第一时间阻止计算机病毒进入计算机系统。但是，这个目标几乎是不可能实现的，计算机系统不可能不受到计算机病毒的侵扰和破坏。只有制定科学的操作规范，建立严密的计算机防病毒体系，并严格地按规定执行，才能尽量降低计算机系统受到病毒侵犯的概率。

（一）掌握预防计算机病毒的理论方法

计算机病毒专家弗雷德·科恩（Fred Cohen）从理论上提出了以下预防计算机病毒的方法：

1.基本隔离法

计算机系统如果存在着共享信息，就有可能感染计算机病毒。计算机信息系统的共享性、传递性以及解释的通用性是计算机最突出的特点。但也正是这些特点为计算机病毒的传染提供了条件，它允许计算机病毒程序传播到任何给定的资源中。如果能取消信息的共享，将计算机系统隔离开来，计算机病毒就不可能随着外部信息传播进来，当然，计算机系统内部的病毒也就不会传播出去。这种隔离策略是防治计算机病毒最基本的方法。但是，人们使用计算机的主要目的就是通过共享获得自己想要的资源，否则计算机的优越性将大大降低。因此，这种方法不便推广。

2.分割法

分割法主要是指把用户分割成不能互相传递信息的封闭的子集。由于信息流的控制，这些子集可以看作由系统分割成的相互独立的子系统。因此，计算机病毒就不会在子系统之间相互传染，而只能传染给其中的某个子系统，从而使整个系统不至于被全部感染。

3.限制解释法

限制解释法也就是限制兼容，即采用固定的解释模式，就可能不被计算机病毒传染。例如，对应用程序进行加密就可以及时检测出可执行文件是否受到计算机病毒的感染，从而清除计算机病毒的潜在威胁。

（二）制定科学的操作规范

如果有一套科学的操作规范，按照一定的操作步骤去使用计算机，那么计算机感染病毒的概率就会大大降低，计算机系统就会比较安全。以下是一些预防计算机病毒的操作规范，个人用户或单位部门用户都可以按照这个规范进行操作。

1.安全启动计算机系统

在保证硬盘没有感染计算机病毒的情况下，应尽量使用硬盘引导计算机系统。一般在启动计算机系统前，应将软盘或其他移动存储设备取出。因为即使不通过软盘或移动存储盘启动，如果计算机系统启动时读取过软盘或移动存储盘，那么计算机病毒也有可能进入计算机内存。设置计算机系统的CMOS（complementary metal oxide semiconductor，互补金属氧化物半导体）参数，也可以使计算机系统在启动时直接从硬盘引导启动，跳过读取软盘或移动存储盘的步骤。

2.安全使用单台计算机系统

在自己的计算机上使用别人的软盘或移动存储设备前要先进行病毒检测，如果发现有计算机病毒就应该进行查杀。当别人借用自己的存储设备时，要把写保护打开。别人使用后，自己也要在使用计算机前进行病毒检测。对于重点保护的计算机，更应做到专机、专盘、专人、专用和在封闭的环境中使用，不给计算机病毒传染的机会。

3.对重要的数据、文件进行定期备份

硬盘分区表、引导区等关键数据应做好备份并妥善保管，这样可以避免在计算机系统维护或修复时重要数据的丢失。对于一些重要的数据文件，也要定期备份，可以采用在第三方存储设备上备份和异地备份的方式来提高备份的安全性。

4.谨慎从网上下载文件资源

网络的普及使用户可以很方便地从网上下载所需要的各种文件资源，但许多计算机病毒文件可能隐藏在这些文件当中，当运行或打开文件时，计算机病毒就会被激活，进而对计算机系统产生破坏。因此，不要随意从网上下载资源，如果必须下载，下载后要先用最新的防病毒软件查杀病毒。

5.安全使用网络计算机系统

安装网络服务器时，应保证安装环境和网络操作系统本身没有感染计算机病毒。在安装服务器时，应将文件系统划分成多个文件卷系统，至少划分成操作系统卷、共享的应用程序卷和各网络用户可以独占的用户数据卷，并为各个卷分配不同的用户权限。

网络服务器上必须安装有效的杀毒软件，并应及时升级病毒库。必要时还可以在网关、路由器上安装计算机病毒防火墙，从网络入口处保护整个网络不受计算机病毒的危害。

6.防范电子邮件病毒

电子邮件病毒实际上并不是一类单独的计算机病毒，严格地说它应该属于文件型病毒和宏病毒，只是该病毒通过电子邮件进行传播，因此人们习惯上称它们为电子邮件病毒。电子邮件夹带的附件中可能带有计算机病毒，而且附件可以是任何类型的文件。预防电子邮件病毒主要有以下几种方法：

①不要轻易运行附件中的可执行程序，这些附件中很可能带有计算机病毒或黑客程序。

②不要轻易打开附件中的文档。对于别人发送过来的电子邮件相关附件中的文档，可先把文档保存到本地磁盘，用杀毒软件检查，确认没有计算机病毒后再打开使用。

③对于扩展名很奇怪的附件，或者带有脚本的文件，不要打开。一般应删除包含该附件的电子邮件，以保证计算机系统不被侵害。

④在计算机上安装具有电子邮件实时监控功能的防病毒软件可以有效防止电子邮件病毒。也可以在电子邮件服务器上安装服务器版电子邮件病毒防护软件，从外部切断病毒入侵的途径，确保整个网络的安全。

⑤在发送附件时，也要仔细检查，确定没有计算机病毒后方可发送。

第四节　密码学与密码技术

一、计算机密码学

密码学是研究如何把信息转换成一种隐秘的方式，阻止非授权的人得到或利用它的一门学科。

随着计算机技术的发展和网络技术的普及，密码学在军事、商业和其他领域的应用越来越广泛。对系统中的消息而言，密码技术主要在以下方面保证其安全性：

①保密性。信息不能被未经授权的人阅读，主要的手段就是加密和解密。

②数据的完整性。在信息的传输过程中确认其未被篡改，如散列函数就可用来检测数据是否被修改过。

③不可否认性。防止发送方和接收方否认曾发送或接收过某条消息，这在商业应用中尤其重要。

二、密码的分类

在当前的状况下，可以呈现信息的数字信号叫作明文。例如，一幅图像的数字信号是能够用图像软件直接显示在屏幕上的，因此它是明文。如果现在想用电子邮件把这幅图像发送给在远方的朋友，但是又不希望第三个人看到它，那么我们可以把图像的明文加密，也就是用某种算法把明文的一串数字变成另外一种形式的数字串，即密文。在得到图像的密文之后，需要用相关的算法重新把密文恢复成明文，这个过程叫作脱密。当然，某个截获了密文却看不到图像的人，想要破解密文，就叫作解密。不过人们经常把脱密也叫解密，而不加以区分。

按不同的标准，密码有很多种分类，如下：

①按照执行的操作方式不同，密码可以分为替换密码和换位密码。

②从密钥的特点角度，密码可以分为对称密码和非对称密码。如果使用相同的加密密钥和解密密钥，那么很容易从一个推导出另一个，这叫作单钥密码和对称密码体制。

如果是不同的加密密钥和解密密钥，则二者之间没有关联，无法推导，这叫作双钥密码或公钥密码体制。其中加密密钥也叫公钥，因为可以对外公开；解密密钥则不能对外公开，所以也叫私钥。

③按照对明文消息的加密方式不同，密码可以分为两种：一是对明文消息按字符逐位地加密形成的密码，称为流密码或序列密码；另一种是将明文消息分组（含有多个字符），逐组地进行加密形成的密码，称为分组密码。

通常情况下，网络中的加密采用对称密码和非对称密码体制结合的混合加密体制，也就是加密和解密采用对称密码体制，密钥的传送采用非对称密码体制。这种方法的优点是既简化了密钥管理过程，又改善了加密和解密速度慢的问题。

三、计算机密码体制

（一）对称密码体制

对称密码体制有很多不同的叫法，如单密钥体制、共享密码算法等，它使用相同的加密密钥和解密密钥，从一个可以推导出另一个。对称密码体制和密钥的关系就相当于保险柜和密码的关系。知道密码就可以打开保险柜，而如果没有，则只能寻找其他方法打开保险柜。使用对称密码体制的用户在发送数据时必须与数据接收者交换密钥，而且要通过正规的安全渠道，密钥不能泄露，这样数据发送者和接收者使用的密钥才是有效的。对称密码体制具有效率高、速度快的优点，当需要加密大量数据或实时数据时，对称密码体制是最佳选择。

1.DES 算法

DES（data encryption standard，数据加密标准）算法使用 56 位密钥来对 64 位数据块进行加密，并对 64 位数据进行 16 轮编码，在每轮编码时都采用不同的子密钥。子密钥长度均为 48 位，由 56 位完整密钥得出，由此最终可以得到 64 位密文。由于 DES 算法密钥较短，因此可以通过密码穷举（也称野蛮攻击）的方法在较短时间内破解。

2.三重 DES 算法

三重 DES 算法使用两把密钥对报文进行三次 DES 加密，效果相当于使 DES 密钥长度加倍，克服了 DES 密钥长度较短的缺点。

3.IDEA

IDEA（international data encryption algorithm，国际数据加密算法）密钥长度为 128 位，数据块长度为 64 位，IDEA 也是一种数据块加密算法，它设计了一系列的加密轮次，每轮加密都使用完整的加密密钥。IDEA 属于强加密算法，对 IDEA 进行有效攻击的算法暂时还没有出现。

4.AES

AES（advanced encryption standard，高级加密标准）支持 128 位、192 位和 256 位三种密钥长度。AES 规定，数据块长度必须是 128 位，密钥长度必须是 128 位、192 位或 256 位。与 DES 一样，它也使用了替换和换位操作，同时也使用了多轮迭代的策略，具体的迭代轮数取决于密钥的长度和块的长度，该算法的设计提高了安全性，也提高了速度。

（二）公钥密码体制

传统的对称加密系统要求通信双方共同保守一个密钥的秘密，这在网络化的电子商务中会遇到很大的困难。在网络上安全传递密钥的途径是对密钥进行加密。对密钥进行加密不能总是在传统加密体制内进行。古典加密方法要求对加密的算法本身严加保护。传统加密方法把加密算法公之于世，而只要求对密钥加以保护。使用传统方法，加密和解密用的是同一个密钥或者是很容易互相导出的密钥。更多情况下，加密使用的是一个密钥，解密使用的是另一个密钥，只有解密的人才知晓。

公钥密码体制又称为非对称加密体制，即创建两个密钥，一个作为公钥，另外一个作为私钥。私钥由密钥拥有人保管，公钥和加密算法可以公开。用公钥加密的数据只有私钥才能解开，同样，用私钥加密的数据也只能用公钥才能解开。从其中一个密钥不能导出另外一个密钥，使用选择明文攻击不能破解出加密密钥。

与对称密码体制相比，公钥密码体制有以下优点：

①密钥分发方便。加密密钥可以用公开方式分配。例如，互联网中的个人常将自己的公钥公布在网页中，方便其他人用它进行安全加密。

②密钥保管量少。网络中的数据发送方可以共享一个公开加密密钥，从而减少密钥数量，只要接收方的解密密钥保密，数据的安全性就能得到保障。

③支持数字签名。发送方可使用自己的私钥加密数据，接收方能用发送方的公钥解

密，说明数据确实是发送方发送的。由于非对称加密算法处理大量数据时耗时较长，所以一般不适合用于大文件的加密，更不适合用于实时的数据流加密。

四、计算机密钥管理

对密钥从产生到销毁的整个过程中出现的一系列问题进行管理就是密钥管理，主要包括密钥的产生、存储、恢复、分配、更新、控制、销毁等。密钥管理是十分关键的信息安全技术，主要用于以下情况：

①适用于以传统的密钥分发中心为代表的封闭网的 KMI（key management infrastructure，密钥管理基础设施）机制。KMI 技术假定有一个密钥分发中心来负责发放密钥。这种结构经历了从静态分发到动态分发的发展历程，目前仍然是密钥管理的主要手段，无论是静态分发还是动态分发，都是基于秘密的物理通道进行的。

②适用于开放网的 PKI（public key infrastructure，公钥基础设施）机制。PKI 技术是运用公钥的概念和技术来提供安全服务的、普遍适用的网络安全基础设施，包括由 PKI 策略、软硬件系统、认证中心、注册机构、证书签发系统和 PKI 应用等构成的安全体系。

③适用于规模化专用网的 SPK（seeded public-key，种子化公钥）和 SDK（seeded double key，种子化双钥）技术。公钥和双钥的算法体制相同，在公钥体制中，密钥的一方要保密，另一方则公布；在双钥体制中，两个密钥都作为秘密变量。PKI 体制中只能用公钥，不能用密钥。SPK 体制中二者都可以使用。

（一）对称密钥的分配

对称加密是指加密的双方使用相同的密钥，而且不能让第三方知道。定期改变密钥是十分必要的，这样可以防止密钥泄露，保护数据安全。此外，密钥分发技术在很大程度上决定了系统的强度。双方在交换数据时需要使用密钥分发技术传递密钥，且密钥分发的方法是对外保密的。密钥分发能用很多种方法实现，对 A 和 B 两方来说，有下列选择：

①A 能够选定密钥，并通过物理方法传递给 B。

②第三方可以选定密钥，并通过物理方法分别传递给 A 和 B。

③如果 A 和 B 不久之前使用过同一个密钥，则一方能够把使用旧密钥加密的新密钥传递给另一方。

④如果 A 和 B 各自有一个到达第三方 C 的加密链路，则 C 能够在加密链路上传递密钥给 A 和 B。

第一种和第二种选择要求手动传递密钥。对于链路层加密，这是合理的要求，因为每一个链路层加密设备只与此链路另一端交换数据。但是，对于端对端加密，手动传递是相对较困难的。在分布式系统中任何给出的主机或者终端都可能需要不断地和其他主机或终端交换数据。因此，每个设备都需要供应大量的动态密钥，在大范围的分布式系统中这个问题更加难以解决。

第三种选择对链路层加密和端到端加密都是可能的，但是如果攻击者成功地获得一个密钥，那么很可能所有密钥都暴露了。即使频繁更改链路层加密密钥，这些更改也应该手动完成。要想为端到端加密提供密钥，第四种选择更可取。

对第四种选择，需用到这两种类型的密钥：

①会话密钥。当两个端系统希望通信时，它们需要建立一个逻辑连接。在逻辑连接持续过程中，所有用户数据都使用一个一次性的会话密钥加密；在会话或连接结束时，会话密钥被销毁。

②永久密钥。永久密钥在实体之间用于分发会话密钥。第四种选择需要一个密钥分发中心。密钥分发中心判断哪些系统允许相互通信。当两个系统被允许建立连接时，密钥分发中心就为这个连接提供一个一次性会话密钥。

（二）公钥加密分配

公钥加密也就是公开公钥。如果某种公钥算法十分普及，被广泛接受，那么参与的用户就可以向任何人发送密钥，也可以直接对外公开自己的密钥。这是一种十分简便的方法，但也存在问题：因为公共信息可能被伪造，换句话说，某个用户可以假借其他用户的身份将公钥发送给其他用户或直接公开。被假冒的用户如果发现公共信息是伪造的，就会向其他用户发出警告，而此前伪造者可以读取被伪造者的加密信息，然后使用假的公钥进行认证。要想解决这个问题，则需要使用公钥证书。

实际上，公钥证书由公钥、公钥所有者的用户地址以及可信的第三方签名的整个数据块组成。通常，第三方就是用户团体所信任的认证中心，用户可通过安全渠道把公钥提交给这个认证中心，并获取证书；然后用户就可以发布这个证书，任何需要该用户公钥的人都可以获取这个证书，并且通过所附的可信签名验证其有效性。

第五节　身份认证与访问控制

一、身份认证

（一）报文认证

报文认证一般分为三个部分：

1.报文源的认证

报文源（发送方）的认证用于确认报文发送者的身份，可以采用多种方法实现，一般都以密码学为基础。例如，通信双方可以通过附加在报文中的加密密文来实现报文源的认证，这些加密密文是通信双方事先约定好的各自使用的通行字的加密数据；或者发送方利用自己的私钥加密报文，然后将密文发送给接收方，接收方利用发送方的公钥进行解密来鉴别发送方的身份。

2.报文内容的认证

报文内容认证的目的是保证通信内容没有被篡改，即保证数据的完整性。报文内容的认证通过认证码实现，这个认证码是通过对报文进行的某种运算得到的，也可以称为校验码，它与报文内容密切相关，报文内容正确与否可以通过这个认证码来验证。

认证的一般过程为：发送方计算出报文的认证码，并将其作为报文内容的一部分与报文一起传送至接收方。接收方在校验时，利用约定的算法对报文进行计算，得到一个认证码，并与收到的发送方计算的认证码进行比较。如果相等，接收方就认为该报文内容是正确的；反之，就认为该报文在传送过程中已被改动过，接收方可以拒绝接收或报警。

3.报文时间性的认证

报文时间性认证的目的是验证报文时间和顺序的正确性，确保收到的报文和发送的报文顺序一致，并且收到的报文不是重复的报文。

报文时间性的认证可通过以下三种方法实现：①利用时间戳；②对报文进行编号；③使用预先给定的一次性通行字表，即每个报文使用一个预先确定且有序的通行字标识符来标识其顺序。

（二）身份认证协议

身份认证是保证通信安全的前提，通信双方只有通过身份验证才能使用加密手段进行安全通信，身份认证也用于授权访问和审计记录，所以它在网络信息安全中至关重要。身份认证协议有助于解决开放环境中的信息安全问题。

通信双方进行身份认证时，必须有某种约定或规则，这种约定的规范形式叫作协议。身份认证分为单向认证和双向认证。如果通信的双方需要一方被另一方鉴别身份，这样的认证过程就是一种单向认证；如果通信的双方需要互相认证对方的身份，则为双向认证。因此，认证协议可以分为单向认证协议和双向认证协议。

1.单向认证协议

当不需要通信双方同时在线联系时，只需要单向认证，如发送电子邮件的一方在向对方证明自己身份后即可发送数据；另一方收到后，要先验证发送方的身份，如果身份有效，就可以接收数据。

2.双向认证协议

双向认证协议是最常用的协议，它能使通信双方互相认证对方的身份，适用于通信双方同时在线的情况，即通信双方彼此不信任时，需要进行双向认证。双向认证需要解决保密性和即时性的问题。

二、访问控制

随着信息时代的发展，计算机网络信息系统安全问题逐渐凸显。在计算机网络信息系统运行过程中，其不仅要抵御外界攻击，还要注重系统内部防范，防止涉密信息的泄露。作为防止计算机网络信息系统内部受到威胁的技术手段之一，访问控制技术可以避免非法用户侵入，防止外界对系统内部资源的恶意访问和使用，保障共享信息的安全。

（一）访问控制技术的要素

访问控制技术一般包括以下三个要素：

1.主体

发出访问操作的主动方，一般指用户或发出访问请求的智能体，如程序、进程、服务等。

2.客体

接受访问的对象，包括所有受访问控制机制保护的系统资源，如操作系统中的内存、文件，数据库中的记录，网络中的页面或服务，等等。

3.访问控制策略

主体对客体访问能力和操作行为的约束条件，定义了主体对客体实施的具体行为以及客体对主体的约束条件。

（二）访问控制技术的分类

1.DAC

DAC 的主要特征体现在允许主体对访问控制施加特定限制，也就是可将权限授予其他主体或撤销，其基础模型是访问控制矩阵模型，访问控制的粒度是单个用户。目前应用较多的是基于列客体的 ACL（access control list，访问控制列表），ACL 的优点在于简单直观，不过在遇到规模相对较大、需求较为复杂的网络任务时，管理员工作量的增加较为明显，风险也会随之增加。

2.MAC

MAC 中的主体被系统强制服从于事先制定的访问控制策略，系统给所有信息定义保密级别，使每个用户获得相应签证，通过梯度安全标签实现单向信息流通。MAC 安全体系可以将通过授权进行访问控制的技术应用于数据库信息管理，或者网络操作系统的信息管理。

3.RBAC

RBAC 是指在应用环境中，通过对合法的访问者进行角色认证来确定其访问权限，其简化了授权管理过程。RBAC 的基本思想是在用户和访问权限之间引入角色的概念，使其产生关联，利用角色的稳定性，对用户与权限关系的易变性做出补偿，并涵盖在一个组织内执行某个事务所需权限的集合，根据事务变化实现角色权限的增删。

4.TBAC

TBAC（task-based access control，基于任务的访问控制）是一种新型的访问控制和授权管理模式，较为适合多点访问控制的分布式计算、信息处理活动以及决策制定系统。TBAC 从任务的角度来实现访问控制，能有效地解决提前授权问题。

第四章　云计算环境中计算机网络信息安全风险分析

第一节　云计算环境中计算机网络信息安全技术风险

云计算服务模式将硬件、软件甚至应用交给经验丰富的云服务商来管理，客户通过网络来享受云服务商提供的服务，并可按需定制、弹性升缩、降低成本。但是，传统信息技术所面临的安全风险依然威胁着云计算的安全，并且云计算所使用的核心技术在给人们带来诸多便利的同时也带来了一些新的风险。

一、技术风险类型

（一）物理与环境安全风险

物理与环境安全是系统安全的前提。信息系统所处的物理环境直接影响信息系统的安全，物理与环境安全问题会给信息系统的保密性、完整性、可用性带来严重的安全威胁。

物理安全是保障物理设备安全的第一道防线。物理安全的变化可能产生一定的系统风险。例如，电源故障会导致操作系统引导失败或数据库信息丢失；电磁辐射可能造成数据信息被窃取或偷阅；报警系统的设计不足或失灵可能造成一些事故；等等。

环境安全是物理安全的基本保障，是整个安全系统不可缺少的一部分。计算机网络环境安全技术主要是指保障计算机网络所处环境安全的技术，主要技术规范是对场地和机房的约束，强调对地震、水灾、火灾等自然灾害的预防，包括场地安全、防火、防水、防静电、防雷击、电磁防护和线路安全等。

（二）主机安全风险

从技术角度来看，云计算平台中的主机系统和传统 IT 系统类似，传统 IT 系统中各个层次存在的安全问题在云计算环境中仍然存在，如系统的物理安全，主机、网络等基础设施安全，应用安全等。云主机面临的安全风险主要包括以下几方面：

1.资源虚拟化共享风险

在云主机中，硬件平台虚拟化为多个应用共享。由于传统安全策略主要适用于物理设备，如物理主机、网络设备、磁盘阵列等，而无法管理每个虚拟机、虚拟网络等，这使得传统的基于物理安全边界的防护机制难以有效保护共享虚拟化环境下的用户应用及信息安全。

2.数据管理风险

用户在使用云主机服务的过程中，不可避免地要通过互联网将数据从其主机移动到云上，并登录到云上进行数据管理。在此过程中，如果没有采取足够的安全措施，系统将面临数据泄露和被篡改的风险。

3.平台安全防护风险

云计算应用由于其用户、信息资源的高度集中，更容易成为各类拒绝服务攻击的目标，并且拒绝服务攻击的破坏性将会明显超过传统的企业网应用环境，因此云计算平台的安全防护更为困难。

（三）虚拟化安全风险

1.虚拟化技术自身的安全威胁

虚拟机管理器本身的脆弱性不可避免，攻击者可能利用虚拟机管理器存在的漏洞来获取对整个主机的访问，实施虚拟机逃逸等攻击，从而可以访问或控制主机上运行的其他虚拟机。由于管理程序很少更新，现有漏洞可能会危及整个系统的安全，因此如果发现一个漏洞，企业应该尽快修复漏洞以预防潜在的安全事故。

2.资源分配

当一段被某台虚拟机独占的物理内存空间被重新分配给另一台虚拟机时，可能会发生数据泄露；当不再需要的虚拟机被删除，释放的资源被分配给其他虚拟机时，同样可能发生数据泄露。当新的虚拟机获得存储资源后，它可以使用取证调查技术来获取整个物理内存以及数据存储的镜像。而该镜像随后可用于分析，进而提供前一台虚拟机遗留下的重要信息。

3.虚拟机攻击

攻击者成功地攻击了一台虚拟机后，在很长一段时间内可以攻击网络上相同主机的其他虚拟机。这种跨虚拟机攻击的方法越来越常见，因为云内部虚拟机之间的流量无法被传统的 IDS 或 IPS（intrusion prevention system，入侵防御系统）设备和软件检测到，只能通过在虚拟机内部部署 IDS 或 IPS 软件进行检测。

4.迁移攻击

虚拟机在迁移时会通过网络被发送到另一台虚拟化服务器上，如果虚拟机通过未加密的信道来发送，就有可能被执行中间人攻击的攻击者嗅探到。当然，为了做到这一点，攻击者必须获得受感染网络上另一台虚拟机的访问权。

（四）网络安全风险

在网络方面，云计算主要面临以下安全风险：中间人攻击、网络嗅探、端口扫描、SQL（structured query language，结构化查询语言）注入和跨站脚本攻击。

1.中间人攻击

中间人攻击是指攻击者通过第三方进行网络攻击，以达到欺骗被攻击系统、反跟踪、保护攻击者或者组织大规模攻击的目的。在网络通信中，如果没有正确配置 SSL（secure socket layer，安全套接字层），这个风险就有可能出现。针对这种攻击手段，可以采用的应对措施是正确地安装配置 SSL，并且通信前应由第三方权威机构对 SSL 的安装配置进行检查确认。

2.网络嗅探

这原本是网络管理员用来查找网络漏洞和检测网络性能的一种工具，但是到了黑客手中，却成了一种网络攻击手段，从而产生更为严峻的网络安全问题。例如，在通信过程中，数据密码设置得过于简单，或未设置数据密码，均可能导致数据被黑客破解。如果通信双方没有使用加密技术来保护数据安全性，那么攻击者作为第三方便可以在通信双方的数据传输过程中窃取到数据信息。针对这种攻击手段，可以采用的应对策略是通信各方使用加密技术及方法，确保数据在传输过程中的安全。

3.端口扫描

这也是一种常见的网络攻击方法，攻击者向目标服务器发送一组端口扫描消息，并从返回的消息结果中探寻攻击的弱点。针对此类攻击，可以启用防火墙来保护数据信息。

4.SQL 注入

SQL 注入是一种安全漏洞，利用这个安全漏洞，攻击者可以向网络表格输入框中添加 SQL 代码以获得访问权。在这种攻击中，攻击者可以操纵基于 Web 界面的网站，迫使数据库执行不良 SQL 代码，获取用户数据信息。针对这种攻击，应定期使用安全扫描工具对服务器的 Web 应用进行渗透扫描，这样可以提前发现服务器上的 SQL 注入，并进行加固处理。另外，针对数据库 SQL 注入攻击，应避免将外部参数用于拼接 SQL 语句，尽量使用参数化查询，同时限制那些执行 Web 应用程序代码的账户的权限，减少或消除调试信息。

5.跨站脚本攻击

跨站脚本攻击是一种网站应用程序的安全漏洞攻击，属于代码注入的一种。它允许用户将恶意代码注入网页，这会在一定程度上影响其他用户浏览网页。这类攻击通常包含超文本标记语言和用户端脚本语言。攻击成功后，攻击者可能得到更高的权限，从而窃取私密网页内容、会话和 cookie（储存在用户本地终端上的数据）等信息。针对此类攻击，最主要的应对策略是对用户所提供的内容进行过滤，避免恶意数据被浏览器解析。另外，可以在客户端进行防御，如把安全级别设高，以及只允许信任的站点运行小程序。

（五）数据安全风险

发展云计算意味着允许更加开放的信息访问以及更容易进行数据共享。数据上传到云端并存储在一个数据中心，由数据中心的用户访问。用户也可完全基于云模型创建、存储数据，并通过云访问数据（不是通过数据中心访问数据）。在上述过程中，最明显的风险是数据存储方面的风险。用户上传或创建基于云的数据，这些数据也包括第三方的云服务商（如谷歌、亚马逊、微软）负责存储以及维护的数据，这样也会产生一些风险。

一般来说，云服务产生的数据的生命周期可分为六个阶段，数据在这六个阶段面临着不同程度的安全风险。

1.数据生成阶段的安全风险

数据生成阶段即数据刚被数据所有者创建、尚未被存储到云端的阶段。在这个阶段，数据所有者需要为数据添加必要的属性，如数据的类型、安全级别等。此外，数据的所有者为了防范云端不可信，在存储数据之前可能需要对数据的存储、使用等情况进行跟踪审计。在数据生成阶段，云数据面临如下问题：

（1）数据的安全级别划分混乱

不同类别的用户，如个人用户、企业用户、政府机关用户等对数据安全级别的划分策略可能会不同，同一用户类别之内的不同用户对数据分类的敏感程度也不同。在云计算环境中，多个用户的数据可能存储在同一个位置。因此，若数据的安全级别划分混乱，云服务商就无法针对海量数据制定出切实有效的保护方案。

（2）需要考虑数据的预处理问题

需要存储在云端的数据较多，因此在对数据进行预处理前，用户必须考虑预处理的计算、时间和存储开销，否则会因过度追求安全性而失去云计算带来的便捷性。

（3）审计策略制定困难

即使在传统的 IT 架构下，审计人员制定有效的数据审计策略也是很困难的。而在多用户共享存储、计算和网络等资源的云计算环境中，用户对自己的数据进行跟踪审计更是难上加难。

2.数据存储阶段的安全风险

在云计算环境中，用户的数据都存储在云端，数据面临如下安全风险：

（1）数据存放位置的不确定性

在云计算环境中，用户对自己的数据失去了物理控制权，即用户无法确定自己的数据存储在云服务商的哪些节点上，更无法得知数据存储设备的地理位置。

（2）数据混合存储

不同用户的各类数据都存储在云端，如果云服务商没有有效的数据隔离策略，那么一些用户的敏感数据可能被其他用户或者不法分子获取。

（3）数据丢失或被篡改

云服务器可能会被病毒破坏，或者遭受木马入侵；云服务商可能不可信，或管理不当，操作违法；云服务器所在地可能遭受自然灾害等不可抗力的破坏。上述情况都会造成云服务数据丢失或者被篡改，威胁到数据的机密性、完整性和可用性。

3.数据使用阶段的安全风险

数据使用即用户访问存储在云端的数据，同时对数据做增删查改等操作。在数据使用阶段，可能出现如下问题：

（1）访问控制问题

如果云服务商制定的访问控制策略不合理、不全面，就有可能造成合法用户无法正常访问自己的数据或无法对自己的数据进行合规的操作，而未授权用户却能非法访问，甚至窃取、修改其他用户的数据。

（2）数据传输风险

用户通过网络来使用云端数据，若传输信道不安全，则数据可能被非法拦截；网络可能因遭受攻击而发生故障，导致云服务不可用：另外，操作不当可能导致数据在传输时丧失完整性和可用性。

（3）无法保障云服务的性能

用户使用数据时，往往会对数据的传输速度、数据处理请求的响应时间等有一个要求或期望，但云服务的性能受用户所使用的硬件等因素的影响，因此云服务商可能无法切实保障云服务的性能。

4.数据共享阶段的安全风险

数据共享即让处于不同地方的，使用不同终端、不同软件的云用户能够读取他人的数据并进行各种运算和分析。在数据共享阶段，数据同样面临着风险：

（1）信息丢失

不同的数据内容、数据格式和数据质量千差万别，在数据共享时系统可能需要对数据的格式进行转换，而数据转换格式后可能面临数据丢失的风险。

（2）应用安全漏洞

数据共享可能通过特定的应用实现，如果该应用本身有安全漏洞，则基于该应用实现的数据共享就可能有数据泄露、丢失、被篡改的风险。

5.数据归档阶段的安全风险

数据归档就是将不经常使用的数据转移到单独的存储设备中，实现长期保存。在本阶段，数据会出现合法性和合规性问题。某些特殊数据对归档所用的介质和归档的时间期限有专门规定，而云服务商不一定支持这些规定，导致这些数据无法合规地归档。

6.数据销毁阶段的安全风险

在云计算环境中，当用户需要删除某些数据时，最直接的方法就是向云服务商发送删除命令，依赖云服务商删除对应的数据，但是这同样面临着一些问题：

（1）数据删除后可被重新恢复

计算机数据存储是以磁介质形式或电荷形式为基础的，人们一方面可以采用技术手段直接访问残留的数据；另一方面可以通过对介质进行物理访问来确定介质上的电磁残余所代表的数据。如果不法分子获得这些数据，就有可能给用户带来极大的安全隐患。

（2）云服务商不可信

一方面，用户无法确认云服务商是否真的删除了数据；另一方面，云服务商可能留有被删除数据的多个备份，在用户发送删除命令后，云服务商并没有删除备份数据。

（六）加密与密钥风险

传统的数据安全一直强调数据的完整性、机密性和可用性，因此传统的对称加密和非对称加密方案应运而生，用于保证数据的这些安全特性。随着虚拟化技术的发展、云计算的兴起，传统的加密和密钥方案的迁移在云计算环境中面临着各种挑战，不仅有传统的加密与密钥风险，而且产生了云计算环境中特有的加密和密钥风险，大体分为加密方案风险和密钥管理风险两个方面。

1.加密方案风险

加密方案方面的风险主要是：

①虚拟化技术使单个物理主机可以承载多个不同的操作系统，导致传统的加密方案的部署环境逐步向虚拟机、虚拟网络演变。

②云平台及其存储数据在地域上的不确定性。

③单一物理主机上的多个客户操作系统之间的信息泄露。

④海量敏感数据在单一的云计算环境中高度集中。

2.密钥管理风险

密钥管理方面的风险主要是：

①本地密钥管理风险，主要是针对在云基础设施外部的用户端的密钥管理风险，与传统的密钥管理风险相似。

②云端密钥管理风险，云服务商必须保证密钥信息在传输与存储过程中的安全，由

于云计算的多租户特性，因此密钥信息存在着泄露的风险。

二、技术风险案例分析

（一）配置错误

2014 年 11 月，某公司云服务出现大面积服务中断现象，但其服务健康仪表控制板却显示一切应用正常运行。此次事故造成的影响波及不少国家和地区，导致相关应用和网站等无法使用，故障时长近 11 个小时。调查发现，此次事故的原因是存储组件在更新时产生错误，导致 Blob（binary large object，二进制大对象）前端进入死循环状态，从而造成流量故障。技术维护团队在发现问题后恢复了之前配置，但由于 Blob 前端已经无法更新配置，因此技术维护团队只能采取系统重启模式，消耗了相当长的时间。该公司技术团队在事故发生后采取了一系列改进措施，包括改变灾备恢复方法，最大限度地减少恢复时间；修复 Blob 前端关于 CPU 无限循环的漏洞；改进服务健康仪表控制板基础设施和协议。

2015 年 2 月，另一公司出现外部流量丢失现象，导致大量应用程序无法使用。事后经过调查，流量损失时长为 2 小时 40 分钟，其外部流量损失由 10%增长到 70%。此次事件发生的原因为虚拟机的内部网络系统停止更新路由信息，虚拟机的外部流量数据被视为过期而遭到删除。为防止类似事件再度发生，工程师将路由项的到期时间由几个小时延长到了一个星期，并添加了路由信息的监控和预警系统。

（二）宕机事件

2011 年 4 月，某公司的云计算数据中心宕机，导致数千家商业客户受到影响，故障时间持续 4 天之久，此次事件可以说是一场严重的宕机事件。经调查，此次事故的主要原因是，在修改网络设置、进行主网络升级扩容的过程中，工程师不慎将主网络的全部数据切换到备份网络上，由于备份网络带宽较小，承载不了所有数据，因此出现网络堵塞现象，所有块存储节点通信全部中断，导致存储数据的 MySQL 数据库宕机。事故发生后，该公司重新审计了网络设置修改流程，增加了自动化运维程序，并改进了灾备架构，以免该类事故再次发生。

2015 年 5 月，某公司的部分服务器遭不明攻击，导致官网及 App 暂时无法正常使用。经技术排查确认，此次事件是因为员工错误操作，删除了生产服务器上的执行代码。

（三）隐私泄露

2014 年 9 月，黑客攻击了某公司的云存储服务账户，导致大量用户私密照片和视频泄露。该公司发表声明称，黑客并没有利用此前受怀疑的服务漏洞，本次泄露事件是用户名、密码以及安全问题的设置存在重大隐患导致的。也就是说，部分受害者设置的密码太过简单。另外，调查结果显示，泄露照片的拍摄设备并非来自同一品牌，并且一部分照片明显经过了通信软件的处理，即通过某款通信 App 进行了发送或接收。技术专家判定，本次泄露并非全部来自同一公司的云服务应用，或者某些通信 App 的聊天记录，这很有可能是由于受害者在多个网络服务中使用了相似甚至相同的密码。因此，该隐私泄露事件的原因并非云服务器端的泄露，而是黑客有针对性地攻击用户端，得到用户名及密码或者密码保护问题的详细资料，然后冒充用户登录应用，窃取云端数据，其本质上采用的是身份欺骗的手段。

（四）恶意攻击

2013 年 3 月，欧洲反垃圾邮件机构 Spamhaus 曾遭遇 300 G 的 DDoS 攻击，导致全球互联网大堵塞。

2014 年 2 月，针对 Cloudflare 的一次 400 G 的攻击造成 78.5 万个网站安全服务受到影响。

2014 年 12 月，部署在阿里云上的一家知名游戏公司，遭遇了当时全球互联网史上最大的一次 DDoS 攻击，攻击时长 14 个小时，攻击峰值流量达到每秒 453.8 G。阿里云安全防护产品“云盾”，结合该游戏公司的“超级盾防火墙”，帮助用户成功抵御了此次攻击。

第二节　云计算环境中计算机网络信息安全管理风险

数据的所有权与管理权分离是云服务模式的重要特点，用户并不直接控制云计算系统，对系统的防护依赖于云服务商。在这种情况下，云服务商的管理规范程度、双方安全边界划分的清晰度等将直接影响用户应用和数据的安全。

一、组织与策略风险

（一）服务中断

云计算的优势在于提供资源的优化和IT服务的便捷性。在降低IT成本的前提下，如何保证业务运营的连续性一直是业界关心的问题之一。即使时间再短的云计算服务中断，也会让企业陷入困境，而云计算服务的长时间中断甚至可能使企业倒闭。因此，对于云服务商而言，确保服务不中断是一个关键问题。可能引起服务中断的安全风险如下：

1.技术故障

技术故障的原因有：

①云计算数据中心的硬件故障、云计算平台的软件故障、通信链路故障等，可能导致服务中断。

②数据中心未进行有效的安全保护、监控、定期维护，没有制定切实有效的应急响应方案等，从而导致服务中断。

2.环境风险

由水灾、火灾、大气放电、风力灾害、地震、海啸、爆炸、核事故、火山爆发、生化威胁、民事骚扰、泥石流等引起数据中心基础设施受损、水电供应不稳定、通信链路中断等情况，进而导致云服务中断。

3.操作失误

云租户管理员操作不当、配置错误等，可能导致服务中断。

4.恶意攻击

黑客的恶意攻击也会导致服务中断。

（二）供应链风险

云服务商在构建云平台时往往需要购买第三方的产品（如物理服务器、交换机等）和服务（水、电、网服务和第三方外包服务等），相关的开发人员也是云服务商供应链中的重要人员。从供应链层面来看，风险主要有以下几类：

1.第三方产品风险

云服务商要购买大量物理计算设备和网络设备，如果供应商的产品不符合国内标准或云服务商安全需求，就会对云服务商造成难以估量的损失。

2.第三方服务风险

云服务商需要的第三方服务主要包括基础设施服务（如水、电和网络服务等）和外包服务（如加密服务等）。对于基础设施服务，如果服务供应商未经过相关资质认证，出现停电、停水等事故，就会影响云服务商的正常服务。外包服务则要评估外包信息系统的安全性和稳定性、开发人员的安全开发能力等，以免影响云服务。

3.内部人员风险

云服务商内部人员主要包括云开发人员和云运维人员。对于云开发人员，其应时常关注开发的信息系统是否安全、设计是否遵循了安全的设计规范、最终的代码中是否存在相关漏洞等。云运维人员主要完成云平台的运维工作，其应时常关注运维方式是否科学合理、运维数据是否被盗取等。

因此，无论是云开发人员还是云运维人员，都应该接受相应的背景审查、专业的安全培训，云服务商需要定期对内部人员进行权限审批、操作行为审查及审计、入侵识别评估和安全风险关联分析等，不断提高内部人员的安全意识。

二、数据归属不清晰

在云计算时代，数据将成为最有价值的资产。在云环境中，不同用户的数据都存储在共享的云基础设施之上，当用户的数据存储与数据维护工作都由云服务商来完成时，人们就很难分清到底谁拥有这些数据并对这些数据负责。因此，数据归属不清晰在一定程度上影响了信息安全。

目前，大多数云服务商都通过职责划分、用户协议、访问控制等方式来限制内部人员接触数据，并且尽可能与用户达成共识。比如，某云服务商曾发起“数据保护协议自律公约”，明确“数据是客户资产，云平台不得擅自移作他用”。

三、安全边界不清晰

传统网络通过物理上或者逻辑上的安全域定义对物理资源进行区域划分，通过引入边界防护设备（如防火墙、IPS 等）在不同的区域边界之间进行防护。但是在云环境中，随着虚拟化技术的引入，租户的资源更多以虚拟机的形式呈现，由于云计算环境中服务器、存储设备、网络设备的高度整合，租户的资源往往是跨主机甚至跨数据中心部署的，传统的物理防御边界被打破，租户的安全边界模糊，因此人们需要进一步发展传统意义上的边界防御技术来适应云计算的新特性。

四、内部窃密

由于云服务商在为用户提供云服务的过程中不可避免地会接触到用户的数据，因此云服务商内部窃密是一个重大的安全隐患。事实上，内部窃密可分为内部工作人员无意泄露内部特权信息以及有意和外部势力勾结窃取内部敏感信息两种情况。在云计算环境中，内部人员不再是以往我们所说的云服务商的内部人员，也包括为云服务商提供第三方服务的厂商的内部人员，这也使内部威胁因素更加复杂。此时，管理者需要采用更严格的权限访问控制策略来限制不同级别内部用户的数据访问权限。

第三节　云计算环境中计算机网络信息安全法律、法规风险

建设良好的法律、法规环境是信息安全保障体系建设的重要一环。然而，云计算的虚拟性和国际性等特点催生出许多法律、法规方面的问题，使得云计算面临法律、法规风险。云计算面临的法律、法规风险主要包括数据跨境、犯罪取证、安全责任认定等。

一、数据跨境

云服务提供商出于成本及政策的考虑，可能在世界的多个地方都建有云数据中心，用户的数据有可能被跨境存储。另外，在云服务提供商对数据进行备份或进行架构调整时，用户数据可能跨越多个国家，产生数据跨境传输问题。对于数据跨境传输问题，不同国家有不同的法律规定。欧盟拥有世界上较为全面的数据保护法，并被很多国家参考。其相关法律规定，欧盟公民的个人数据只能向那些已经达到与欧盟数据保护水平相当的国家或地区流动。在缺乏特定承诺机制的前提下，禁止欧盟居民的个人信息数据转移到美国和世界上其他国家。云服务提供商如果将数据从欧盟传输到美国，则必须获得国际安全港认证；如果将数据传输到美国以外的其他国家，则需要有相关的数据跨境保护合同；如果将数据传输到其他公司，则需要该公司依据欧盟数据保护法制定有约束力的公司规则。

二、犯罪取证

在云计算环境中，电子取证带来的机遇和挑战是并存的。其带来的机遇在于将云计算用于传统的电子取证中，使取证工作事半功倍。其带来的挑战在于云计算的资源共享性、存储分布性等特点便于犯罪分子利用云平台进行犯罪，而且执法机关不易对碎片化

的数据进行侦查取证，这给电子取证带来了较大困难。

在数据采集方面，云取证数据采集是指在可能的数据源中鉴别、标识、记录和获取电子数据。在跨管辖区时，云中的数据不再保存在一个确定的物理节点上，而是由服务商动态提供存储空间（其可能分布在不同的国家和地区）进行保存，因此采集完整的犯罪证据变得相当困难，这种数据的高度复杂性以及数据的交叉污染都会给数据的原始性、完整性和有效性带来挑战。另外，云计算环境中的数据易丢失，数据采集顺序相当重要，易丢失的数据要首先被固定并获得。

在数据分析方面，由于云计算环境中的数据特性，人们需要制定一个机制来描述被收集数据的时间、空间范围并进行相关性分析。在云计算环境中获取的数据必然是在一定的时间或空间范围内获取的。按照取证的要求，这些数据的语义必须与数据本身具有同样的信任等级。在云计算环境中，被收集到的很多数据的格式和描述都是专有的，或者这些数据是分布式系统中的一些敏感的瞬时数据。此时，获取语境和系统状态等是至关重要的。

在组织结构方面，云取证的过程至少要涉及云服务提供商和客户端。云计算提供商和云计算应用大都依赖其他的资源提供商，这样就形成了一个依赖链，这种服务提供商和客户端之间的依赖性是动态变化的。在这种情况下，取证调查会受到依赖链复杂性的影响。任何断链或者链上的任一主体不配合都将影响取证过程和取证结果。

在法律方面，在电子取证中，多管辖区和多租户带来了许多法律问题。在犯罪取证时，执法人员既要获取和保存相关电子数据，又不能给其他用户的数据安全带来风险。

三、安全责任认定

目前，我国云计算安全标准及测评体系尚未建立，云用户的安全目标和云服务提供商的安全服务能力无法参照一个统一的标准进行度量。在出现安全事故时，人们也无法根据一个统一的标准进行责任认定。同时，国际社会没有专门针对云计算安全的相关法律，因此云服务提供商和用户之间所签订合同的合规性、合法性很难得到认定，一旦发生安全事故，云服务提供商和用户可能会各持己见，根据不同的标准来进行责任认定，从而产生争议和纠纷。

云计算有 IaaS、PaaS 和 SaaS 三种服务模式，不同服务模式下云服务商与用户的控制范围不同，安全责任也不同。

在 IaaS 模式下，用户的安全控制范围相对较大，数据和应用安全措施由用户负责，虚拟化层的安全由用户和云服务商分担，其他安全由云服务商负责。信任是信息安全的基础，用户要使用云平台，并将关键数据存入云中，就要信任云服务商。第三方权威认证对构建信任关系是很必要的。目前云计算主要的、通用的安全规范有云安全国际认证（CSA-STAR）等。

在 PaaS 模式下，网络、存储、服务器等的安全由云服务商保障，服务、应用的安全由用户和云服务商分担，数据的安全由用户负责。

在 SaaS 模式下，云服务商的安全控制范围最大，用户的控制范围最小，只能到数据层。

第五章　云计算环境中的领域安全和数据库安全

第一节　云计算环境中的领域安全

一、云服务域安全

（一）IaaS 安全

如今，云服务提供商均利用虚拟化技术来构建虚拟化服务器，从而大幅提高物理服务器的运算效率与利用率。虚拟化作为 IaaS 层面的基础技术，其安全性也是 IaaS 的核心安全问题。下面主要从虚拟机安全和虚拟化软件（虚拟化管理平台）安全两方面进行介绍。

1.虚拟机安全

虚拟化技术的应用可能导致虚拟机逃逸、虚拟机嗅探等针对虚拟机的安全威胁，对于这些安全威胁，业界主要采用以下四种虚拟机安全防护机制：

（1）虚拟机自身安全防护

为保证虚拟机自身的安全，一般采用的方法是在每台虚拟机上安装防火墙、入侵检测软件等，但这会造成资源的巨大浪费。

目前，业界流行的做法是在一个虚拟化系统中启用一个或多个独立的具有防火墙、入侵检测等安全功能的虚拟机，对其他业务逻辑虚拟机进行安全保护。VMware vShield Endpoint 是这种技术的代表，该产品将重要的防病毒和防恶意软件功能部署到一个安全的虚拟机上，节约了防病毒代理在虚拟机中占用的资源，从而提高了系统性能。

在虚拟服务器环境中，几个虚拟机共享主机服务器上有限的物理硬件资源。如果其中的任何一个虚拟机过度消耗硬件资源，其他虚拟机则不能正常运行。为避免攻击者对单个虚拟服务器发动 DDoS 攻击，虚拟化系统需要对虚拟机进行全面监控，并对单个虚拟机消耗的内存和 CPU 时间进行限制，避免任何一个虚拟机过度消耗物理硬件的资源。

云服务提供商可采用虚拟化在线管理系统对虚拟机进行管理，对物理服务器及虚拟机监视器的运维操作应遵循运维相关流程，采用实时审计技术予以监控，并建立和完善各虚拟机的安全日志、系统日志和防火墙日志。虚拟机销毁及迁移以后，要及时消除原有物理服务器上的磁盘和内存数据，使虚拟机无法恢复。要及时关闭不需要运行的存在安全隐患的虚拟机。

（2）虚拟机隔离技术

物理资源共享使虚拟机很容易遭受同一物理机的其他虚拟机的恶意攻击，因此有必要对各虚拟机进行逻辑或物理隔离。在没有进行特殊配置的情况下，虚拟机之间并不允许相互通信。虚拟机之间的有效隔离，可以保证未授权的虚拟机不能访问其他虚拟机的资源，出现安全问题的虚拟机也不会影响其他虚拟机的正常运行。

为了实现虚拟机之间的隔离，云服务提供商可以根据业务属性、业务安全等级、网络属性等对虚拟机进行分类，目前流行的安全策略有 TCP 五元组（源 IP 地址、目的 IP 地址、源端口、目的端口、传输层协议）、安全组（资源池、文件夹、容器）等；提供商也可以以更小的颗粒度对虚拟机进行隔离，如对虚拟机与用户身份、业务逻辑标识或租户进行关联，在虚拟化层识别各虚拟机所从属的用户、业务逻辑或租户，再根据相应的访问控制策略对其进行安全保护，从而增强安全功能；还可以通过 VLAN（virtual local area network，虚拟局域网）的不同 IP 网段的方式进行隔离。对于一些运载财务、商业机密等敏感业务逻辑的虚拟机，可以使用专用 CPU、存储、虚拟网络进行物理隔离。

（3）虚拟机迁移技术

虚拟机迁移技术的运用不仅可以在某些服务器故障瘫痪时将业务自动切换到其他相同环境的虚拟服务器中，以达到保证业务连续性的目的；而且可以实现负载均衡，从而提升系统整体性能。同时，虚拟机迁移技术的运用使用户可以用一台服务器同时替代以往的多台服务器，从而使用户节省了大量的管理资金、维护费用和升级费用。虚拟机迁移技术的优势在于简化系统维护管理流程、促使系统负载均衡、提高系统错误容忍度和优化系统电源管理。目前流行的虚拟化管理平台都提供了各自的迁移组件。

可靠的虚拟机迁移技术是解决虚拟机安全问题的关键，因为可靠的虚拟机迁移安全机制能保证虚拟机成功迁移。一方面，必须保证迁移过程的安全，特别是在线的迁移过程；另一方面，还需保证迁移前后的安全配置环境一致。

首先，在虚拟机迁移之前，为确保虚拟机迁移目的平台的安全性和可靠性，可以先对虚拟平台进行远程认证和一致性检测等，从而确保虚拟机成功迁移和安全运行。其次，虚拟机对应的虚拟局域网标识符等网络层信息应一并迁移，外置防火墙上部署的安全策略也应进行迁移。

具体可按照下述步骤进行：

第一，通过管理中心感知虚拟机的迁移过程，提取该迁移消息中的有效信息，并通过内部维护的网络拓扑关系等技术定位到新的防火墙。

第二，对迁出服务器对应的防火墙产品的安全策略进行重新标记，使迁出虚拟机的相关安全策略不再处于激活状态。

第三，对于迁入的防火墙，对虚拟机所绑定或对应的安全策略组进行配置下发，以保证该虚拟机仍然可以得到和迁移前相同的访问控制权限。

第四，需保证虚拟机与服务器之间的认证、授权信息同步迁移。

（4）虚拟机补丁管理

虚拟化服务器与物理服务器一样需要进行补丁管理和日常维护。对虚拟机进行补丁修复，可以有效降低系统的安全风险。但是，随着虚拟机数量的增加，补丁修复问题也在成倍增加。虚拟机补丁修复和物理机补丁修复的区别在于数量。例如，一个企业采用三种虚拟化环境（两个网络内部，一个隔离区），大约有 150 台虚拟机，这样的布置使管理程序需要额外增加功能用于补丁管理，而且服务器数量成倍增加也会给技术工程师带来一定压力。因此，虚拟化系统需要支持虚拟机补丁的批量升级和自动化升级，也需要加强对休眠虚拟机安全系统状态的监控。

补丁管理是系统化的工作，其实施效果直接影响云计算环境的总体安全水平，而整个实施过程需要多方面的资源的协调以及所有云计算用户的关注和支持。其流程包括现状分析、补丁跟踪、补丁分析、部署安装、疑难处理、补丁检查等。

2.虚拟化软件安全

虚拟化软件层直接部署在主机上，提供创建、运行和销毁虚拟服务器的能力。主机层的虚拟化能通过任何虚拟化模式完成。其中，虚拟机监视器作为该层的核心，应确保其安全。

虚拟机监视器是一种虚拟环境中的“元”操作系统，其可以访问服务器上包括磁盘和内存在内的所有物理设备。虚拟机监视器不但协调硬件资源的访问，也在各个虚拟机之间施加防护。服务器在启动并执行虚拟机监视器时，会加载所有虚拟机客户端的操作系统并分配给每台虚拟机适量的内存、CPU、网络和磁盘。虚拟机监视器实现了操作系统和应用程序与硬件层之间的隔离，这样就可以有效地降低软件对硬件设备及驱动的依赖性。

虚拟机监视器允许操作系统和应用程序工作负载在更广泛的硬件资源之上。虚拟机监视器支持多操作系统和工作负载迁移，每个单独的虚拟机或虚拟机实例都能够同时运行在同一个系统上，并共享计算资源。同时，每个虚拟机可以在不同平台之间迁移，实现无缝的工作负载迁移和备份。

三个主要的虚拟机监视类别如图 5-1 所示。

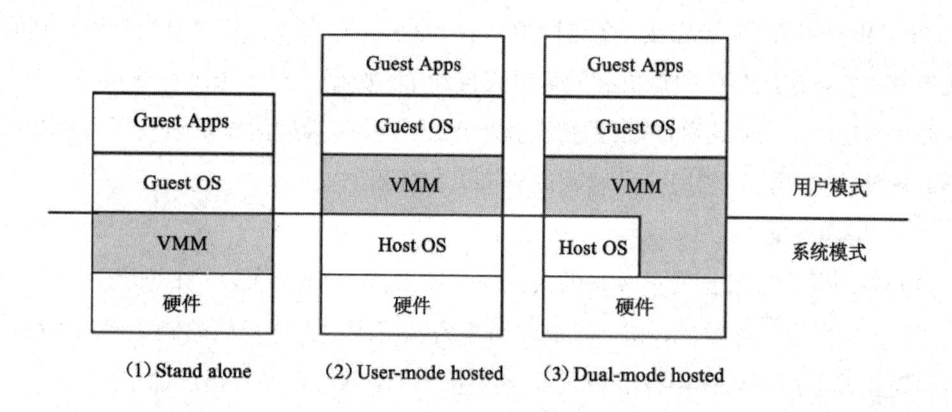

图 5-1　虚拟机监视器架构类别

第一种架构的虚拟机直接运行在系统硬件上，创建硬件全仿真实例，被称为裸机型。

第二种架构的虚拟机运行在传统操作系统上，创建的同样是硬件全仿真实例，被称为托管（宿主）型。

第三种架构的虚拟机运行在传统操作系统上，创建一个独立的虚拟化实例（容器），指向底层托管操作系统。

正是由于可以控制在服务器上运行的虚拟机，虚拟机监视器自然成为攻击的首要目标。虚拟机可以通过几种不同的方式向虚拟机监视器发出请求，这些方式通常涉及 API 的调用，因此 API 往往是恶意代码的首要攻击对象。对于所有的虚拟机监视器，都必须重点确保 API 的安全，并且确保虚拟机只会发出经过认证和授权的请求，同时对虚拟机监视器提供的 HTTP、Telnet 等管理接口的访问进行严格控制，关闭不需要的功能，禁用明文方式的 Telnet 接口，将虚拟机监视器接口严格限定为管理虚拟机所需的 API，关闭无关的协议端口。此外，恶意用户利用虚拟机监视器的漏洞，也可以对虚拟机系统进行攻击。虚拟机监视器在虚拟机系统中发挥着重要作用，一旦遭受攻击，将严重影响虚拟机系统的安全运行，造成数据丢失和信息泄露。针对上述安全威胁，下面介绍三种虚拟化软件保护机制。

（1）虚拟防火墙

虚拟防火墙是完全运行于虚拟环境下的防火墙，它如同一台虚拟机，一般运行在虚拟机监视器中，对虚拟机网络中的数据分组进行过滤和监控。虚拟防火墙可以是主机虚拟机监视器中的一个内核进程，也可以是一个带有安全功能的虚拟交换机。在虚拟机监视器中，虚拟机不直接与物理网络相连，通常只连接到一个虚拟交换机上，再由该虚拟交换机与物理网络适配器连接。在这种类型的架构中，每个虚拟机共享物理网络适配器和虚拟交换机，这使两台虚拟机之间可以直接通信，数据分组不通过物理网络，也不被硬件防火墙监控。克服这种缺陷的最好方法就是创建虚拟防火墙，或者在所有的虚拟机上安装软件防火墙，以利用防火墙确保虚拟机监视器的安全。

（2）访问控制

访问控制是实现既定安全策略的系统安全技术，它通过某种途径管理所有资源的访问请求。根据安全策略要求，访问控制对每个资源请求做出许可或限制访问的判断，可以有效防止非法用户访问系统资源以及合法用户非法使用资源等情况的发生。

在虚拟机监视器中设置访问控制机制，可以有效管理虚拟机对物理资源的访问，控制虚拟机之间的通信。

虚拟化软件通常安装在服务器上。如果虚拟主机能够使用主机操作系统，那么该主机操作系统中不能包含多余的角色、功能或者应用。主机操作系统只能运行虚拟化软件和重要的基础组件（如杀毒软件或备份代理）。同时，应避免将操作系统加入生产环境中，可以在专用活动目录中创建一个专门的管理域管理虚拟主机。该类型的域允许使用域成员管理产品，而不用担心主机服务器被盗后生产域受到威胁。

目前，很多组织在虚拟机中部署了 vIDS（virtual image display system，虚拟图像显示系统）/vIPS（virtual intrusion prevention system，虚拟入侵防御系统），其可以通过分析网络数据或采集系统数据对虚拟机进行安全控制，具有下述作用：

①监视分析用户及系统活动；

②进行系统配置和弱项审计；

③识别反映已知攻击的活动模式并向相关人士报警；

④进行异常行为模式的统计分析；

⑤评估重要系统和数据文件的完整性；

⑥进行操作系统的审计跟踪管理，并识别用户违反安全策略的行为。

（3）漏洞扫描

针对虚拟化软件的漏洞扫描是实现虚拟化安全的一个重要手段，虚拟化软件的漏洞扫描主要包括以下几个方面的内容：

①虚拟机监视器的安全漏洞扫描和安全配置管理；

②虚拟化环境中多个不同版本的 Guest OS（guest operating system，客户操作系统）的安全漏洞扫描，如虚拟机承载的 Windows 系统、Linux 系统等；

③虚拟化环境中第三方应用软件的安全漏洞扫描；

④云计算环境中的远程漏洞扫描。

（二）PaaS 安全

PaaS 把分布式软件的开发、测试和部署平台当作服务，通过互联网提供给用户。PaaS 可以构建在 IaaS 的虚拟化资源池上，也可以直接构建在数据中心的物理基础设施上。PaaS 为用户提供了包括中间件、数据库、操作系统、开发环境等在内的软件栈，允许用户通过网络来进行应用的远程开发、配置、部署，并最终在服务商提供的数据中心运行。

1.PaaS 平台安全

PaaS 提供给用户的能力是通过在云基础设施之上部署用户创建的应用而实现的，这些应用通过使用云服务商支持的编程语言或工具进行开发，用户可以控制部署的应用及应用主机的环境配置，不需要管理或控制底层的云基础设施，包括网络、服务器、操作系统等。

云服务提供商为保护 PaaS 层面的安全，首先需要考虑保护 PaaS 平台本身的安全。具体措施为：对 PaaS 平台所使用的应用、组件或 Web 服务进行风险评估，及时发现应用、组件或 Web 服务存在的安全漏洞，并及时制定补丁修复方案，以保证平台运行引擎的安全。同时，尽可能提高信息透明度，以利于风险评估和安全管理，防止攻击者的恶意攻击。

2.PaaS 接口安全

PaaS 服务使客户能够将自己创建的某类应用程序部署到服务器端运行，并且允许客户端通过各类接口对应用程序及其计算环境配置进行控制。PaaS 接口范围包括提供代码库、编程模型、编程接口、开发环境等。代码库封装平台的基本功能如存储、计算等，供用户开发应用程序时使用，编程模型决定了用户基于云平台开发的应用程序类型。

来自客户端的代码可能是恶意程序，如果 PaaS 平台暴露过多的可用接口，就会给攻击者提供可乘之机。例如，用户通过接口提交一段恶意代码，这段恶意代码可能抢占内存空间和其他资源，也可能会攻击其他用户，甚至会攻击提供运行环境的底层平台。因此，PaaS 层平台的接口安全问题值得重点关注。

用户或者第三方应用要想访问云平台中的受保护资源，需先与云平台认证服务器进行交互，利用自身携带的 access key（访问密钥）及相应的 access key ID（访问密钥身份标识号码）通过 API endpoint（应用程序接口端点）进行认证授权。若认证成功，则其可访问云平台中的受保护资源，或者云平台返回处理后的数据。同时，为防止来自网络的攻击，云服务提供商可以在云平台设备 API endpoint 处部署防止 DDoS 攻击的关键安全技术，为云平台设备 API endpoint 提供 SSL 保护机制，防止中间人攻击、篡改、删除用户隐私数据。

3.PaaS 应用安全

PaaS 应用安全是指保护用户部署在 PaaS 平台上的应用的安全。在多租户 PaaS 的服务模式中，最核心的安全技术就是多租户应用隔离。例如，云服务提供商需要在多租户模式下提供“沙箱”架构，平台运行引擎的“沙箱”特性可以集中维护部署在 PaaS 平台上的应用的保密性和完整性，并监控新的程序缺陷和漏洞，避免这些缺陷和漏洞被用来攻击 PaaS 平台和打破“沙箱”架构。同时，用户应确保自己的数据只能由自己的企业用户和应用程序访问。

（三）SaaS 安全

SaaS 模式与传统软件模式的架构有着显著不同。传统软件模式是孤立的单用户模式，即顾客购买软件应用程序并安装在服务器上，服务器只是运行特定的应用程序，并且只给特定的最终用户组提供服务。SaaS 模式是多重租赁的架构模式，即在物理层面上很多不同的用户共同分享硬件基础设施，但在逻辑层面上每个用户独享属于自己的服务。多用户的结构设计实现了用户间的资源分享，但仍可以安全区分每个用户所拥有的数据。例如，一个公司的用户通过 SaaS 的客户关系管理应用程序访问用户信息，这个用户所使用的应用程序实例能够同时为几十个或者上百个不同公司的用户提供服务，而这些用户对于其他用户是完全未知的。

1.SaaS 多用户隔离

对于 SaaS 服务而言，解决底层架构的安全问题的关键在于，在多用户共享应用的情况下解决用户之间的隔离问题。解决用户之间的隔离问题可以在云架构的不同层次实现，即物理层隔离、平台层隔离和应用层隔离。

（1）物理层隔离

这种方法为每个用户配置单独的物理资源，以实现在物理上的隔离。用户不用担心服务器的地理位置和性能，不同的用户可以申请外配到属于自己的不同的服务器，如此用户之间的数据就不会发生冲突，同时也达到了隔离的目的。这种方法是最容易实现的，安全性也较好，但也是硬件成本最高的，能够支持的用户数量也最少。

（2）平台层隔离

平台层处于物理层和应用层之间，主要功能是封装物理层提供的服务，使用户能够更加方便地使用底层服务。要在这一层上实现隔离，系统就要能够响应不同用户的不同需求，把属于不同用户的数据按照映射的方式反馈给不同的用户。这种方式需要消耗较多的资源，但硬件成本比物理层隔离方案低，能够支持的用户数量也比物理层隔离方案多。

（3）应用层隔离

应用层隔离主要包括应用隔离沙箱和共享应用实例两种方式。

前者采用沙箱隔离应用，每个沙箱形成一个应用池，池中应用与其他池中的应用相互隔离，每个池都有一系列后台进程来处理应用请求。这种方式能够通过设定池中进程数目达到控制系统最大资源利用率的目的。

后者要求应用本身支持多用户，用户之间是隔离的，但是成千上万的用户可能使用同一个应用实例，用户可以用配置的方式对应用进行定制。这种方式具有较高的资源利用率和配置灵活性。

2.SaaS 业务授权访问

在传统的业务授权方式中，业务提供商负责整个业务提供过程中的全部工作，包括业务逻辑信息管理、业务资源存储、业务资源提供等。当用户向业务提供商申请某种业务时，业务提供商首先根据用户的用户名和密码等信息对用户进行身份认证，然后根据用户的权限信息对用户申请的业务进行访问控制，最后根据用户的访问控制信息和业务逻辑信息调度业务资源，为用户提供业务。

而在云计算环境中，传统的业务授权方式具有明显的缺点。首先，业务提供商向用户提供业务的效率低。因为业务提供商需要从云服务提供商处获取业务资源后，再向用户提供业务。其次，业务提供商的服务负载高。因为业务提供商需要先调度业务资源，再向用户提供资源。最后，用户访问业务资源的方式有限。因为用户只有通过业务提供商才能获取相应的资源。

为了解决上述问题，云计算环境中的业务提供可以采用用户通过业务提供商颁发的凭证直接访问云计算服务器获取业务资源的方式，这种方式保护了业务提供商的用户信息。根据用户获取凭证内容的不同，用户有以下两种获取资源的方法：

第一，用户从业务提供商处获取的访问凭证包括业务资源信息、业务逻辑信息和访问控制信息等。用户可以通过此凭证直接访问云计算服务器，云服务提供商根据此凭证直接向用户提供业务资源。

第二，用户从业务提供商处获取的访问凭证包括业务资源信息，但不包括业务逻辑信息和访问控制信息。当用户通过此凭证直接访问云计算服务器时，云服务提供商需要先根据此凭证向业务提供商获取业务逻辑信息和访问控制信息，然后根据业务逻辑信息和访问控制信息向用户提供业务资源。具体步骤如下所述：

①用户向业务提供商申请业务资源信息，业务资源信息可为各类业务资源的 ID 等。

②业务提供商根据用户申请向用户提供相关资源信息。

③用户向云服务提供商发送业务资源信息，请求访问业务资源。

④云服务提供商验证用户请求中是否携带该资源的访问控制凭证。当没有凭证时，云服务提供商根据请求中携带的资源信息获取相应的业务提供商的信息，并向该业务提供商发送资源访问控制请求，其中资源访问控制请求中携带用户的标识信息和业务资源信息。

⑤业务提供商根据用户的标识信息对用户进行身份认证和访问控制，颁发该业务资

源的访问控制信息给云服务提供商。资源访问控制信息包括业务资源授权信息。

⑥云计算服务提供商对接收的资源访问控制信息进行认证，并向认证通过的用户提供相应的业务资源。

针对上述两类不同的方法，第一类方法的用户通过业务提供商获取的凭证中包括权限信息，从而减少了云服务提供商获取权限的环节，因此访问业务的效率相对较高。而第二类方法的用户可以更灵活地使用业务，用户可以利用授权凭证随时随地使用业务。因为用户获取的凭证信息相对简单，存放、传输等要求低，并且云服务提供商直接向业务提供商获取用户的权限信息，减少了权限信息的传输环节，降低了权限信息被窃取的风险。

二、云终端域安全

（一）云终端设备安全

首先，采用安全芯片、安全硬件/固件、安全终端软件和终端安全证书等技术可以提高云终端设备的安全性，并确保云终端设备不被非法修改和添加恶意功能，同时保证云终端设备的可溯源性。

其次，合理部署安全软件是保障云计算环境中信息安全的第一道屏障。云终端设备需要部署安全软件，包括防病毒软件、个人防火墙以及其他类型的查杀移动恶意代码的软件等，以保证系统软件和应用软件的安全。同时，安全软件需要具有自动更新功能，能够定期完成补丁的修复与更新。

（二）云终端身份管理

在动态和开放的云计算系统中，云终端可以通过多种方式访问云计算资源，身份管理不仅可以用来保护身份，还可以用来推进认证和授权过程。而认证和授权在多租户的环境下可以保证用户对云计算服务的安全访问。整合认证和授权服务，可以防止因攻击和漏洞暴露而造成的身份泄露和盗窃。身份认证用于防止身份假冒，授权用于防止对云计算资源（如网络、设备、存储系统和信息等）的未授权的访问。

随着身份管理技术的发展，融合生物识别技术的强用户认证和基于 Web 应用的单点登录被应用于云终端。基于用户的生物特征的身份认证比传统输入用户名和密码的方式更加安全。用户可以利用手机上配备的生物特征采集设备（如摄像头、指纹扫描器等）输入自身具有唯一性的生物特征（如人脸图像、指纹等）进行用户登录。而多因素认证则将生物认证、一次性验证码与密码技术结合，为用户提供更加安全的用户登录服务。

三、云监管域安全

由于不法分子可以利用云平台来危害国家、社会和个人安全，因此相关部门和云服务提供商必须对云平台进行监管。但云平台上的信息发布和传播方式与传统信息发布和传播方式不同，给信息监管带来了巨大挑战。为了提高云平台的安全性，相关人员需要在云监管域构建云安全监管平台。

（一）云安全监管平台架构设计

1.平台技术架构

云安全监管平台整体架构从下往上分为硬件层、云安全资源层、云安全服务层和云安全管理层，各层之间既相互协同又相对隔离，彼此解耦，提供良好的稳定性和扩展性。

（1）硬件层

基于业内主流的通用 X86 架构服务器组建分布式集群，为上层的安全服务能力提供运行环境和所需的 CPU、内存、存储等硬件计算资源。

（2）云安全资源层

基于业界主流的云计算虚拟化技术，打造超融合系统，通过系统把硬件层提供的 CPU、内存和硬盘存储等各种类型的资源虚拟化、抽象化和池化，为上层安全能力应用提供所需的虚拟化运行资源。对多样化的传统安全产品进行改造，使其适合云计算虚拟化这种特殊运行环境，构建一个统一管理、弹性扩容、按需分配、安全能力完善的云安全资源池。

（3）云安全服务层

对已构建好的云安全资源池进行服务化改造，实现云安全能力资源化、云安全资源服务化、云安全服务目录化，提供包含云监测、云防御、云审计等覆盖全生命周期的云安全产品能力，形成具有业务属性的网络详细记录综合安全服务体系，全方位构建涵盖事前监测、事中防护、事后审计的云安全闭环防护体系，全面满足云上用户多样化的云安全需求。

（4）云安全管理层

基于底层的各种安全资源和安全能力，为云上用户提供一个统一的云安全监管平台。平台可提供超过 10 种的云安全能力服务，赋能于云，全面接管云上的安全资源和能力，对云内的整体安全态势进行统一分析和呈现。

2.平台部署方式

平台采用旁路部署的方式，在通用 X86 服务器上安装部署云安全资源池相关软件，并将服务器部署到云平台机房，旁挂在云平台核心交换机上；再通过网络引流的技术将业务系统流量牵引至云安全资源池内进行清洗，清洗完成后将正常流量原路回注，最终到达云平台内的业务云主机上，从而实现云上业务安全防护的目的。还有部分安全产品不需要网络引流也可实现清洗，只需把安全资源池与云内业务虚拟机之间的网络打通即可，如云堡垒机、云日志审计、综合扫描等安全服务。总之，云安全监管平台的整个部署及实现过程对用户现有网络无任何影响。

3.平台功能架构

云安全监管平台汇聚了十余种主流的安全能力，解决了传统安全建设方式中设备零散、使用不便、维护困难和安全能力固化等问题，为云上用户提供了一种云安全的最佳落地实践模式，解决了用户安全资源管理困难和维护成本过高的难题。云安全监管平台功能架构大致可归纳为以下四点：

①云安全监管平台为云上用户提供 10 多种云安全能力，赋能于云，对云内的整体安全态势进行统一分析和呈现。

②平台提供超级管理员和租户管理员两种视角：超级管理员进行全局的统一管理，实时监控和了解云内整体的安全态势及运维态势等；租户管理员则自主化管理和建设自己的云安全资源，按需申请和使用，掌握自身业务的安全动态。

③云安全监管平台对底层云安全资源池中的各种安全产品组件进行归一化和标准化管理，实现云安全能力的资源化、服务化和目录化，最终以云安全服务的方式为云平台赋能，使云上业务快速安全合规。

④云安全监管平台可提供包含云监测、云防御、云审计等覆盖全生命周期的云安全产品能力，辅以云安全专家服务，满足用户多样化的云安全需求，全方位构建立体化的

综合云安全纵深防护体系。

（二）平台核心优势

1.方案灵活

解决私有云、公有云和混合云等不同云计算服务模式下云上用户的安全建设需求，满足政务云、金融云、教育云、企业云等不同行业领域的不同云上业务的复杂性需求，能够针对不同行业的不同云场景形成具有针对性的特色云安全解决方案，帮助用户以最科学、合理的方式完成云安全建设。

2.快速合规

平台为云上用户提供专属的等级保护二级、三级合规推荐套餐，套餐包含等级保护合规建设所需的安全能力及安全服务，能够全方位满足用户在不同业务需求场景下的等级保护要求，帮助用户快速完成安全合规建设，助力云上业务稳定高效发展。

3.立体防护

平台融合了各种基于云虚拟化设备的安全防护手段，由业务安全监测体系、业务安全防御体系与业务安全审计体系共同组成，为用户提供包含虚拟网络安全、虚拟主机安全、业务应用安全、数据安全等各维度和各层面的安全防护手段。各体系协同工作，安全能力可基于云上业务的属性和特点灵活调整。例如，针对云上的 Web 业务应用，只需采用虚拟防火墙、虚拟 Web 应用防火墙和网页防篡改等安全模块，就可解决业务安全需求问题。

第二节　云计算环境中的数据库安全

数据库系统是网络时代数据最广泛、最重要的载体，数据库系统安全与否关系到数据库系统中的数据能否避免被非授权用户访问。这里的非授权用户既包括各种独立黑客或者以团体/国家为支撑的专业攻击者，也包括数据库系统的内部管理人员。这两类非授权用户的入侵流程虽然不同，但是造成的后果是相同的。二者都是在非授权的状态下获取数据库的信息的，都会造成严重的后果。数据安全是网络空间安全的基本保证，而数据库系统的安全则是保证数据安全的重要前提。数据库系统的安全可以从以下几个角度进行阐述：

①数据库系统承载物理设备的完整性：数据库系统承载数据的物理设备，如计算机、服务器、硬盘等，应保护得当，免受损害。

②数据库系统软件运行逻辑的完整性：保证存储在数据库中的数据完整性是数据库最重要的指标。数据库系统通过一整套完整的运行逻辑，对存储数据的结构性、可读性和完整性进行保护，如果对数据库中某一个或者多个字段的改写不和任何其他数据关联，则会导致整个数据原有意义的完整性被破坏。

③数据库元素的安全性：保证数据库系统中用户存储的每个元素都是正确的，和用户申请存储的信息一致。

④数据库系统的可审计性：可追踪和查询用户对存储在数据库中的数据进行的存取和修改。

⑤数据库系统的用户访问控制：数据库系统对申请访问的用户进行认证授权，只有通过授权的用户才能对数据库中的数据信息进行访问，同时系统对不同的用户进行权限设定，不同权限对应不同的访问方式。

⑥授权身份认证：用户申请对数据库系统进行访问或审计追踪，需要数据库系统授予权限并通过认证。

⑦数据库系统的可用性：被授予访问权限的用户随时都能顺利地通过认证，实现对数据库的访问，获取对应授权用户权限的数据操作。

根据数据库的特性，我们可以把数据库面临的安全威胁分为两大类，即来自数据库系统外部的威胁与来自数据库系统内部的威胁。通常黑客攻击等属于外部威胁，此类攻击的相同特征为未获授权而非法侵入数据库系统内部，对数据库系统内的数据进行非法获取、篡改和删除等操作，常规的防护技术能够对网络用户的行为进行精细化管控，从而防止恶意攻击和非法入侵。

另外，随着通信网络高速、广域、多分布的发展，黑客可以利用网络中大量的路由交换节点截取网络上承载的数据，而人们使用 HTTPS、VPN 等技术可以实现对数据信息的安全保护。

大量的事实证明，超过八成的数据泄露事件都是由数据库管理系统的内部人员引起的，其中有恶意泄露信息，也有因操作不当或疏忽大意而造成的无意泄露，这就是来自数据库系统内部的威胁。按照常规使用分析，数据库系统的管理员需要对所有数据、用户、权限等管理信息进行维护，通常都被赋予数据库系统的一级管理权限，这也就意味着其可以任意地复制和篡改数据库系统中的所有数据。如果管理员恶意地从内部发起攻击，那么整个数据库系统内的所有数据几乎是不设防的。

另外，大多数数据库系统都具备容灾备份功能，将数据定期地复制或者同步到其他介质上，如果这些介质被盗取或者入侵，那么所有的信息都将被泄露出去。为了保护数据的安全，最为有效的手段就是对数据进行加密。

2011 年，美国麻省理工学院计算机科学和人工智能实验室的研究人员提出了 CryptDB，使用洋葱加密模型对数据进行加密，允许用户查询加密的 SQL 数据库，并且可以在不解密储存信息的基础上返回结果，对于云存储而言，这一点极具意义。

2013 年，该实验室的研究人员又提出了一种新的解决方案 Monomi，将 SQL 请求分离成两个阶段，分别在客户端和服务端执行，支持在加密后的数据库上执行更多、更复杂的 SQL 请求，包括预计算、预过滤、高效加密、分组同态运算等。

2015 年，有学者提出了 DBMask，运用属性加密等方法对云数据库进行细粒度的访问控制，并将数据库中的信息加密存储，采用和 CryptDB 类似的方式将同一列信息扩展成适用于不同 SQL 请求类型的列。

一、云数据库加密分析

（一）加密粒度分析

数据库系统主要包括文件（表）、字段、记录等在内的多个层次的内容，所以对数据库的加密方案可以以文件（表）、字段、记录等层次为加密基础单位。

数据库文件粒度的加密把数据库内存储的文件当作一个整体，利用常规加密技术对文件整体进行加密，从而达到数据库加密的目的。从这个角度分析，文件中的所有数据都将被加密，系统不对文件中的各个字段进行细粒度区分。假如用户根据需求要读取表中某条记录或者其中的某一个字段，数据库加密系统需要对整个文件进行解密，然后从文件中提取相应的数据信息返回给用户；同样的道理，如果用户需要对文件中的某个字段进行更新操作，系统也需要先将整个文件解密，然后对文件进行更改，最后要将更改后的文件加密存储。由此可见，这样的数据库加密方案的效率极其低下，用户很小的一个请求都需要对整个文件进行加密/解密操作和 I/O 读写的操作，只有某些完全不对效率做要求的特殊领域，才能采用这样的数据库加密方案。

数据库字段粒度的加密把数据库中的字段作为基本单位，然后通过常规的加密技术将基本字段加密，从而达到数据库加密的目的。和前面一种粒度的加密相比，字段粒度的加密更加高效和灵活，也更加安全。

数据库记录粒度的加密把写入数据库中的记录作为整体，然后通过常规的加密技术将整条记录加密，从而达到数据库加密的目的。相较于数据库文件粒度的加密，记录粒度的加密更为灵活，能够对每条记录进行对应操作，但不如字段粒度加密的灵活度高。用户需要对某条记录进行操作时，系统只需要对该条记录进行解密，就能轻松地达到目的；同样的道理，插入和更改操作也是同样的流程。但是这样的加密方式依然是不够灵活的，其加密效率取决于记录的细粒度。总体来说，以记录为基础单位进行加解密操作还是有点烦琐。

（二）加密层次分析

加密层次是指数据库加密系统具体在哪一个层次上提供加解密的操作。针对当前的通信网络和计算机系统体系结构，可选择的层次分为三种：操作系统层、数据库内核层和数据库外层。三重层次的划分对应的加密操作侧重在三个对应的位置：在操作系统层面实现加解密的操作、在数据库内核层面实现加解密的操作和在数据库外层实现加解密的操作。三种方式具有各自的优缺点，下面将分别进行分析。

1.基于操作系统层次的加密

此种方法的优点在于最大化地简化了数据库加密系统的设计和实现，其本质是加解密与密钥管理都交由操作系统与文件管理系统来进行，对于数据库系统而言操作几乎是完全透明的。这种方法虽然适用于大多数的数据库，但是其安全性和工作效率大大降低。从安全性的角度分析，操作系统不能按照表结构或者字段结构对数据库中的数据进行区分，也不能为各个表或者字段提供不同的加密算法或者加密密钥；从工作效率的角度分析，系统需要对存储的所有数据进行加密和解密，极大地降低了数据库处理能力，因此基于操作系统层次的加密对设计高效实用的数据库加密系统而言是不可取的。

2.基于数据库内核层的加密

此种方法的优点在于所有的操作都和数据库的内核进行交互，能最大限度地实现数据库所有的管理功能，并且不会影响数据库运行时其他部分的逻辑操作，如索引等功能。这种方法是数据库加密系统较为完美的解决方案，但也存在不足之处。

从系统的实现角度分析，基于数据库内核层的开发首先需要获取数据库内核的源码，这些源码通常在各大数据库公司手中，开发人员需要花费极大的代价才能获取，即便获取了源代码也需要理解其中的逻辑，同时在此基础上完成开发和调试，这将是巨大的工作量，且不能百分之百保证开发效果。

从工作效率的角度分析，数据库内核层的加解密需要全部在承载数据库的服务器上完成操作，这会给承载数据库的服务器带来巨大的压力，从而大大地降低工作效率。

从推广应用的角度分析，数据库内核层的加密只能针对某种特定的数据库推广应用，不能实现大规模的推广应用，同时数据库升级问题也将是一大难题。

3.基于数据库外层的加密

此方法的优点在于对数据进行的所有加解密操作都在数据库的外层，系统正常地接收请求、完成操作并返回应答，采用标准的 SQL 语句，不对数据库进行定制性的开发。从效率的角度分析，加解密运算不在承载数据库的服务器上增加额外的开销。从推广应用的角度分析，数据库外层加密系统能最大限度地适用于多种类型的数据库。基于数据库外层的加密方案使数据库加密系统以代理的形式实现，从而支持多种类型的数据库产品，而不对数据库后端进行更改。

（三）加密密钥管理

数据库中对数据进行加密时通常对加密单元使用不同的密钥，加密单元随着选择的加密粒度的不同而不同。以字段级加密粒度为例，假设需要对数据库中各个字段配置加密密钥，则加密密钥的管理直接决定了数据库的安全等级。例如，一个加密密钥对应的 n 个加密字段，如果这条密钥被破译，对应的 n 个加密字段就会泄露，n 的大小对应泄密的等级。但是这也会带来一个问题，n 越小对应的加密密钥数量就会越多，管理难度也会增加。目前就常规而言，数据库的密钥管理方式主要有集中式的密钥管理方式和多级分布式的密钥管理方式。

1.集中式的密钥管理方式

集中式的密钥管理方式本质上就是把所有的加密密钥都集中存放在加密字典里面，每次进行加解密运算都要从加密字典里读取对应的密钥。这样的方式存在两个弱点：首先是字典的存在本身会占据一定的资源；其次就是字典的安全问题，一旦字典被攻破，整个数据库就会暴露。

2.多级分布式的密钥管理方式

多级分布式的密钥管理方式就是把整个数据库系统的密钥分为如下几个部分：一个主密钥、*n* 个功能属性表的表密钥、每个表内基本属性的密钥。对应的关系是主密钥加密表密钥，表密钥生成各个基本加密字段对应的密钥，在这个过程中只有表密钥被主密钥加密以后存放在加密字典里面。这样的方式使需要管理的密钥大大减少，数据库加密效率大大提高，但存在的弱点也很明显，主密钥是整个数据库加密体系的信任根，主密钥的安全将直接影响到整个加密体系的安全。

二、云数据库透明加密

云平台环境类似于一个或者多个数据库所组成的一个共同体，和数据库具有相同的特性，可以说只要解决数据库加密实用化问题就能解决云平台数据加密实用化问题。数据库加密系统是当前解决云平台等应用环境密文存储、运算和操作行之有效的方法之一。因此，设计一种不对数据库做任何改变，基于数据库外层的并以数据库字段为基本粒度的数据库加密系统是新的需求。采用数据库加密系统能够对数据库存储密文进行标准的 SQL 语句询问，并保持数据一直处于密文状态下，即使攻击者获得对隐私信息和敏感数据的访问，或是内部管理员查看数据库服务器信息，由于其获取的是密文，无解密密钥，其也无法得到信息的具体内容。

（一）方案总体模型

基于数据库加密系统不能更改数据库本身的结构和应用，整个数据库加密系统与数据库服务器保持独立，将最主要的通信管理、数据加解密和密钥管理独立出来，组成数据库加密代理，形成数据库加密系统代理架构。本架构设计将整个数据库加密系统分为两个部分：第一个部分是数据库代理；第二个部分是一个未修改的 DBMS（database management system，数据库管理系统），如图 5-2 所示。

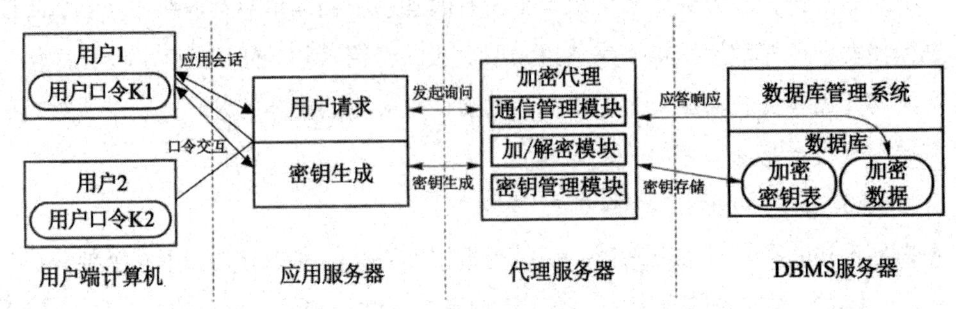

图 5-2　云数据库透明加密模型

整个运行结构包含用户端计算机、应用服务器、代理服务器、DBMS 服务器。单个用户或多个用户从用户端计算机发起一个应用会话；应用服务器根据用户端的行为，发起向 DBMS 服务器的询问（该询问已经被加密）；加密代理根据询问内容对询问进行重写，并调整数据库的数据加密层，然后发起对密态数据库数据的询问；DBMS 按照正常的 SQL 标准完成相应操作。

①应用服务器：运行应用代码，发起关于用户行为的数据库管理系统询问；提供给数据库代理服务器加密密钥，通过用户口令派生。

②代理服务器：加密来自应用的询问，并把被加密的询问发送给 DBMS；重写询问操作，但是保持询问的语义；解密 DBMS 返回的结果，并将结果发送给应用；存储主密钥和应用模式的注释版本（验证访问权限，跟踪每一列当前的加密层）；决定被用于数据加密/解密的密钥。

③DBMS 服务器：所有的数据都被加密存储（包括表和列名）；处理加密数据，就像处理明文数据一样；具有用户定义的函数，使其能够在密文上进行操作；具有某些被数据库代理所使用的辅助表（如被加密的密钥）。

在数据库加密系统代理式架构中，数据库加密系统代理服务器需要完成对询问的处理以及密钥的管理工作。在代理服务器与 DBMS 服务器之间所传送的信息都是密文数据。这样既保证了数据的机密性，又保证了对数据的各种 SQL 操作。这样的架构设计所解决的数据库威胁主要有两点：第一点，好奇或是恶意的内部数据库管理员偷看 DBMS 服务器中的数据；第二点，取得应用和 DBMS 服务器控制权限的攻击者窃取隐私信息。

数据库加密系统代理式架构模型设计的主要思想包括以下三个方面：

①支持 SQL 操作的加密策略。所有的 SQL 查询都是由最基本的操作所组成的：等值查询、大小比较、平均数（求和）、连接查询。那么只要能找到各自支持这些本原操作的加密算法，就可以在数据库数据加密状态下完成所有的 SQL 操作。例如，对称密码 AES 可以支持数据加密状态的等值查询，保序加密算法可以支持数据加密状态大小比较的查询，同态加密算法 Paillier 加密系统可对加密数据进行求和，Song 算法可以支持数据加密状态的搜索查询，至于加密数据的连接查询可以使用 ECC（elliptic curve cryptography，椭圆曲线加密算法）。本策略是数据库加密系统代理式架构设计的核心思想之一，即通过功能侧重不同的实用化的加密算法组合，实现对数据库加密数据明文和密文间的同态操作。

②基于询问的自适应加密。为了对密文数据进行最基本的 SQL 操作，相关设计人员将数据库数据的加密策略设计为类洋葱式的多层结构。该加密策略的核心设计思想是将数据项进行一层一层的加密，最外层使用安全性最强的加密算法，但不支持任何的 SQL 操作，往里的每一层都支持不同的 SQL 操作。当执行询问时，加密代理根据询问将数据动态调整到能够执行该询问的加密层。

③链接加密密钥与用户口令。在数据的加密密钥派生中加入用户口令变量，使数据库中的每个数据项只能通过由用户口令等变量派生的连锁密钥才能被解密。当用户不在线时，如果攻击者不知道用户口令，就不能解密出用户的数据。

（二）洋葱加密模型

数据库加密系统代理式架构能够实现在密文上执行各种 SQL 操作的核心技术就是洋葱加密模型。从字面上可以看出，该技术就是把数据像洋葱一样“一层一层”地加密，使数据看起来就像一个洋葱。而且洋葱的每一层所对应的 SQL 操作都不一样。最外层使用安全性最强的加密算法，保证整个数据库数据的安全。SQL 操作中始终保持数据以密文形式存在，只是密文所对应的加密算法不一样。

洋葱加密模型主要根据 SQL 操作分类，通过 4 个洋葱完成 SQL 对应的操作，实现对数据库数据的密态操作。如图 5-3 所示，该模型一共包括 4 个洋葱，即搜索洋葱、加洋葱、等值洋葱和比较洋葱。

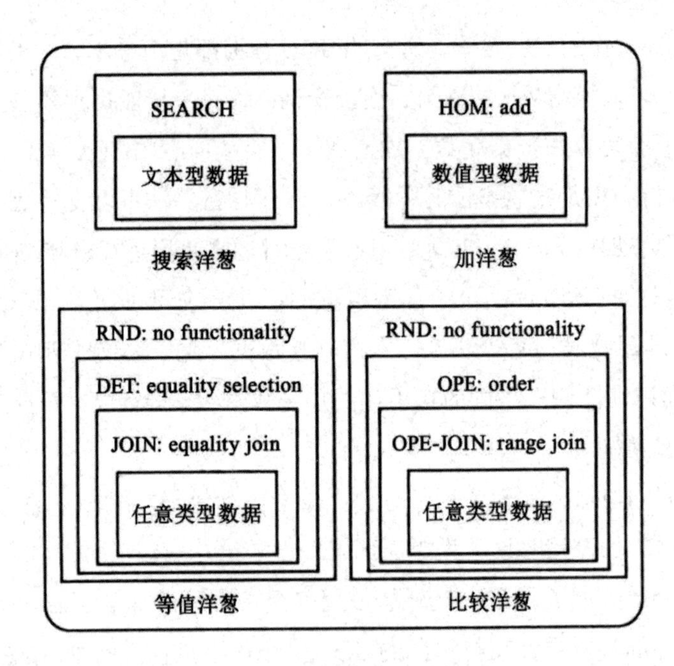

图 5-3　洋葱加密模型

4 个加密洋葱由 7 个不同的密码系统嵌套成洋葱加密模型，7 个密码系统包括 SEARCH、HOM、RND、DET、JOIN、OPE、OPE-JOIN，7 个密码系统中 RND 的加密性能最强，不能进行同态计算，可以最大限度地确保数据安全。在洋葱加密模型的设计中，搜索洋葱和加洋葱是纯粹的功能型洋葱，层数为两层；等值洋葱和比较洋葱都是完整性能洋葱，其设计为 4 层，外层加密是安全性强的加密方案，用以确保不泄露信息，内层加密是安全性逐渐降低的加密方案，当需要进行相应的询问时才能被访问，具体如下：

①搜索洋葱：对加密数据的关键词进行检索（文本型数据）。

②加洋葱：对加密数据进行加操作。

③等值洋葱：对加密数据进行等值查询。

④比较洋葱：完成加密数据比较型的查询操作。

（三）方案设计

洋葱加密模型从外层到内层，加密强度逐次递减，最外层洋葱加密决定整个数据库数据的安全。

1.比较洋葱（Onion Ord）结构分析

比较洋葱针对任何形式的数据提供所有的 SQL 操作。对其结构中设计的加密层次的分析如下：

第一层，称为 Random（RND）层，提供了最强的安全性。该层不支持任何 SQL 操作。其特性为不泄露信息，但是不能进行任何密文计算。

第二层，称为 Order-Preserving Encryption（OPE）层，OPE 层能够将明文间的大小关系保持到密文中。该算法是为了维持对密文数据的比较操作，但是会泄露数据的大小信息。其特性为泄露数据的大小顺序，允许进行比较查询。

第三层，称为 Range-Join（OPE-JOIN）层，很少发生，需要提前宣称所需比较的列，并匹配密钥。

2.等值洋葱（Onion Eq）结构分析

等值洋葱针对任何形式的数据提供所有的 SQL 操作，对其结构中设计的加密层次的分析如下：

第一层，称为 Random（RND）层，同比较洋葱。

第二层，称为 Deterministic（DET）层，该层所提供的安全性较 RND 弱，由于 DET 加密下的密文要具有等值查询的功能，其相同的明文要产生相同的密文，故该算法应该是确定性加密。其特性为允许进行等值查询、等值连接等。

第三层，称为 Equi-Join（JOIN）层，由于不同列所使用的密钥不同，故当进行连接操作时，必须把密钥调整到相同，即采用相同密钥的 DET 加密方案。其特性为当未对两列进行连接查询时，由于加密密钥不同，不会泄露两列的关系；将被查询列的密钥调整到相同，允许等值连接。

3.搜索洋葱（Onion Search）结构分析

搜索洋葱只支持对 txt 文本数据的查询，属于功能型洋葱，只有一个搜索层，称为 Wordsearch（SEARCH）。该层能够在加密文本数据上执行关键词搜索操作。该模型在执行密文搜索时首先提取文本中所有的关键词（去掉重复的），然后使用具有检索功能的加密方案对关键词进行加密。其特性为泄露文本中关键词数量，但可以保证信息的机密性；允许对文本进行关键词搜索（密态）。

4.加洋葱（Onion Add）结构分析

加洋葱只支持对数值型数据进行加运算，属于功能型洋葱，只有一个加密层，称为

Homomorphic Encryption（HOM），该层所使用的同态算法 HOM 为单同态，只能支持“加法同态”，用于在密文上对数据进行求和运算，支持 SQL 上数据的 SUM、求平均数等操作。其特性为基本不泄露信息、允许进行 SUM、AVG 运算。

（四）方案实现

数据库加密系统的核心设计目标是达到保护用户数据隐私的要求，一个完整的SQL询问从用户端发起，详细流程如图 5-4 所示。

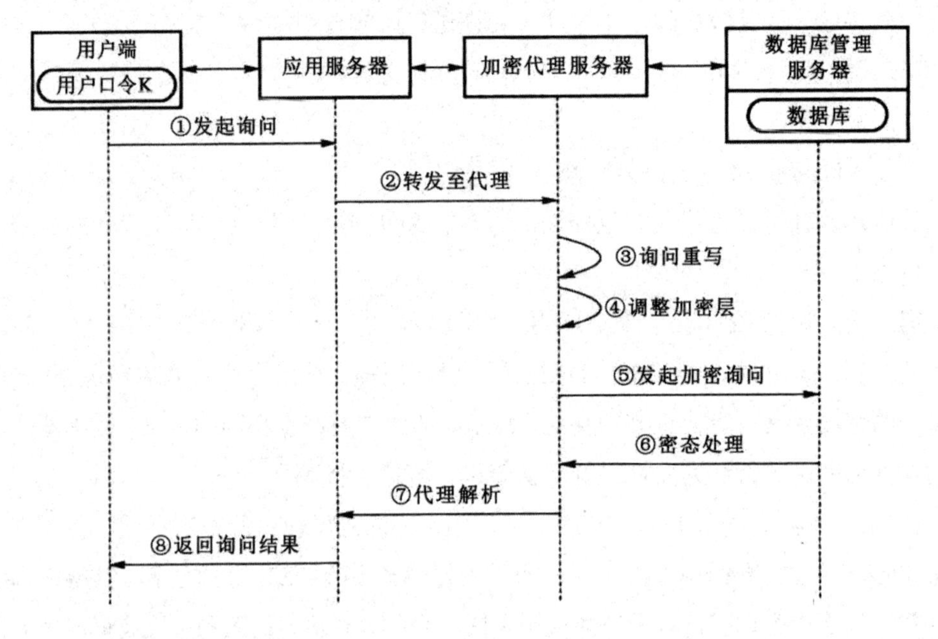

图 5-4　SQL 询问的详细流程

处理询问的过程如下：

①用户端用户在经过身份认证和权限审计后，取得数据库的使用权限，在权限内根据实际需求向数据库发起自身应用需要的请求，这个请求通常不是一个标准的 SQL 询问。

②应用服务器根据用户端发起的请求，生成一个标准的 SQL 数据库询问，同时将这个标准的询问发送给加密代理服务器，整个处理过程可以看作透明的转换转发。

③数据库代理接收来自用户端的询问，同时对询问进行分析和判断，再对询问进行重写，以便完成询问。

④数据库代理在对询问进行重写的同时，核对执行该询问是否需要调整数据项的加

密层，如果需要调整加密层，则按照对应的加密洋葱对加密层进行调整，确保对数据库数据的密态询问。

⑤数据库代理将加密询问发送给数据库管理服务器。

⑥数据库管理服务器执行标准的 SQL 询问，对数据进行密态查询、比较等操作，最终得到密态数据的处理结果，并将处理结果返回给数据库代理。

⑦数据库代理得到数据库管理服务器返回的密态处理结果，并对处理结果进行解密和重写，返回给应用服务器。

⑧应用服务器接收到来自代理服务器解密后的返回结果，并将结果返回给用户，从而完成用户的一个询问请求。

洋葱式加密结构不仅需要对数据进行加密处理，还需要对数据记录的列名进行匿名化处理，这就涉及两个层面：对数据的加密、对列名的匿名化。通过以上两个步骤的操作，系统可以把一个数据表转化成一个匿名化的加密数据表。即使攻击者或内部管理人员取得这样的表，也无法知道表中的每一列数据代表的意思是什么，无法知道每一列数据的具体内容。图 5-5 说明了该数据的处理过程。

Employees

id	name
23	Alice

➡

Table 1

C1-IV	C1-Eq	C1-Ord	C1-Add	C2-IV	C2-Eq	C2-Ord	C2-Search
x27c3	x2b82	xcb94	xc2e4	x8a13	xd1e3	x7eb1	x29b0

图 5-5　加密结果

该表有两列数据，第一列的列名为 id，数据为数值型；第二列的列名为 name，数据为字符串型。

由于第一列的数据为数值型，在该数据上可以执行的 SQL 操作有等值查询、大小比较、求和。那么该数据项应该有 3 个洋葱，我们使用“C1”匿名化表示“id”，然后使用“C1-Eq”“C1-Ord”“C1-Add”分别表示等值洋葱、比较洋葱、加洋葱。其中“C1-Ⅳ”存储的为初始向量值。系统根据“洋葱式加密”的模式，对每个洋葱进行一层一层的加密，并使用一个表记录每个洋葱所处的层数。

同理，第二列的数据为字符串型数据，可以进行的 SQL 操作有等值查询、大小比较、检索。那么该数据项应该有 3 个洋葱，我们使用“C2”匿名化表示“name”，然后使用“C2-Eq”“C2-Ord”“C2-Search”分别表示等值洋葱、比较洋葱、搜索洋葱。

根据“洋葱式加密”的模式，系统对每个洋葱进行一层一层的加密，并使用一个表记录每个洋葱所处的层数。

每个列被扩展成多个列（有几个洋葱就扩展成几列），每列使用最外层加密，列名使用洋葱名匿名化，唯一的缺点是会增加所需要的存储空间。执行相应询问时，数据库代理将动态调整加密层，但所对应的明文未改变。

三、云数据库密文访问控制

数据库的访问控制机制是数据库系统较为重要的安全性设计之一，当用户群体相当庞大时，访问控制机制尤为重要。数据库权限系统的主要功能是验证连接到一台数据库服务器主机的一个用户是否合法，并且赋予该用户在一个数据库表上读取、插入、更新、删除记录的权限；另外，其还有允许或拒绝匿名访问数据库，以及允许或拒绝从外部文件批量向数据表中追加记录等操作的权限。

在数据库透明加密的基础上，结合属性加密机制，可以实现对数据库的内容进行细粒度的访问控制。

（一）方案模型

方案在接收用户提交的 SQL 请求，进行相应的转换、加密、改写之后，将密文 SQL 提交给云数据库执行，在不修改云数据库 DBMS 的情况下，实现对数据的保护，并通过属性加密进行细粒度的访问控制，利用对称加密、保序加密、同态加密支持密文下执行多种基本类型的 SQL 请求。如图 5-6 所示，云数据库访问控制模型包括 SQL 解析、数据库交互、数据保护、访问控制四部分。

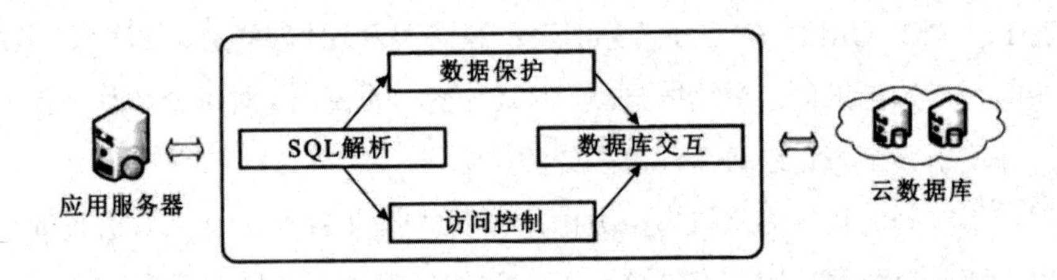

图 5-6　云数据库访问控制模型

①SQL 解析。解析用户提交的 SQL 请求，根据不同 SQL 类别为后续加密方式的选

择提供依据。

②数据库交互。使用数据库提供的编程接口，将改写后的 SQL 提交给云数据库处理，并获得处理结果。

③数据保护。包括对称加密、保序加密、同态加密三个环节，针对不同类型的 SQL 请求，选择不同的加密方式对 SQL 请求的内容进行改写，并对执行结果进行解密。

④访问控制。按照属性策略对数据库内容进行属性加密，当用户执行数据库操作时，生成用户的属性私钥，并依据属性策略向用户返回其有权限得到的内容。

1.SQL 感知加密模型

SQL 感知加密是一种可以被数据库系统识别的 SQL 改写方式，这种方式能对明文 SQL 中的表名、列名、字段值等进行加密，并在加密后替换掉原有内容，从而实现在数据库上操作密文。SQL 感知加密模型作为 SQL 解析模块的核心思想，分为如下三个步骤：

①通过字符串解析，对 SQL 请求进行分析，得出 SQL 请求类型（如 INSERT、DELETE、UPDATE、SELECT）。

②通过参数解析，得出 SQL 请求的条件类型（判等、大小比较）。

③对明文 SQL 语句中的部分信息进行加密、替换（表名、列名替换，数据字段加密）。

2.密文列扩充模型

密文列扩充根据明文列的数据类型，将其扩充成支持该类型特定操作的密文列，从而实现在密文的基础上执行 SQL，如图 5-7 所示。

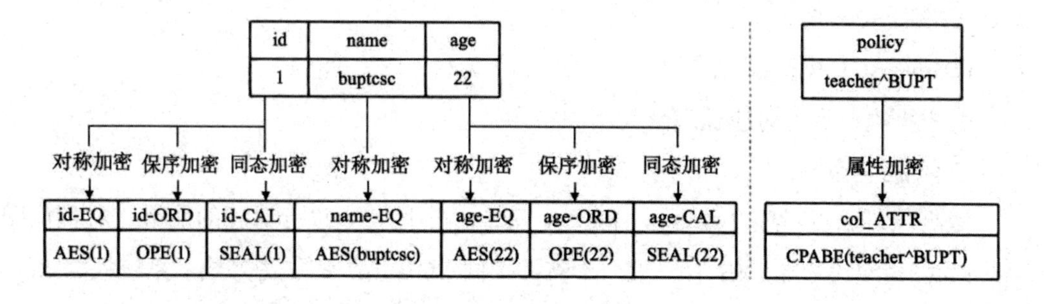

图 5-7　密文列扩充模型

通常而言，数据库的字段有数字型和字符串型。

针对数字型的字段（如年龄），系统往往会执行判等、大小比较、求最值、求平均、求和运算等操作。

针对字符串型的字段（如姓名），系统往往会执行判等、关键词搜索等操作。

因此，密文列扩充有以下两个原则：

①针对数字型的字段，扩充成 EQ 列、ORD 列、CAL 列，对应支持涉及判等、大小比较、数学运算的 SQL 请求。

②针对字符串型的字段，替换成 EQ 列，支持涉及判等的 SQL 请求。例如，不同的密文列采用不同的加密方式以支持不同的 SQL 请求。

3.访问控制模型

属性加密算法将属性策略作为参数的一部分引入加密环节中，并将用户拥有的属性作为参数生成私钥，用户在需要解密信息的时候，需要提供能够满足属性策略的私钥才可以解密成功。

因此，系统可以基于属性加密实现访问控制，给需要访问控制的字段或行增加标志列，用于存放属性加密的结果。在操作该字段的数据时，系统先验证当前用户能否解密这个标志列，解密成功才能够完成操作，否则拒绝执行该 SQL 请求。

（二）方案设计

1.SQL 解析

SQL 解析负责对输入的 SQL 请求进行分析，得到请求类型和请求条件等相关信息，进而选择不同的分支，调用对应的处理函数来完成后续工作。

具体可以描述为如下步骤：

①获取 SQL 请求；

②判断 SQL 类型；

③根据类型调用对应处理函数。

2.数据保护

数据保护负责对明文数据（如表名、列名、字段值）进行对应的加密，流程如图 5-8 所示。数据保护模块中有三类用于支持不同 SQL 请求的加密方式，系统根据 SQL 解析模块对请求的分析，选择相应的一个或多个加密算法。

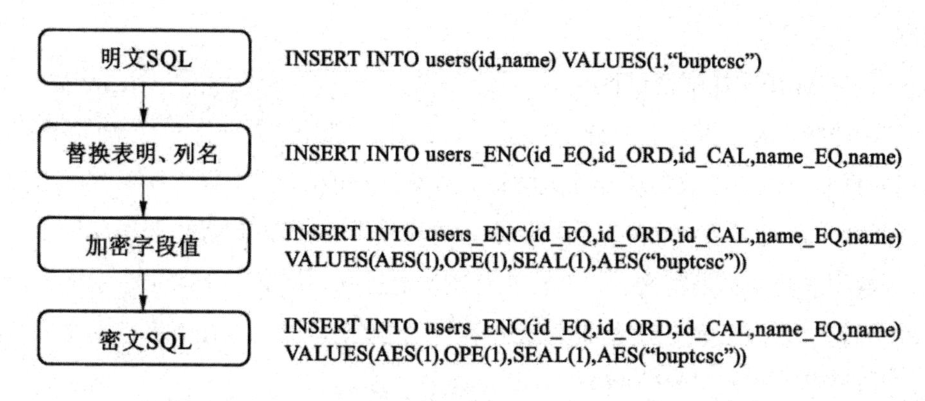

图 5-8　数据保护工作流程

（1）数据库的准备工作

为了配合系统的使用，需要在创建数据表时做相应的调整。具体的调整工作为表名加上后缀_ENC，列名根据密文列扩充原则进行改写。例如，将数字型的列 id 替换成 id_EQ、id_ORD、id_CAL，将文本型的列 name 替换成 name_EQ，并增加 col_ATTR 列，用于存放访问控制标记。

（2）INSERT 操作加密过程

INSERT 的作用是向数据库插入信息，由于数据库的内容均是密文，因此 INSERT 之前需要根据密文列扩充的原则对插入的信息进行扩展并加密。

（3）DELETE 操作加密过程

DELETE 的作用是将数据库中符合给定条件的记录删除。由于数据库内容均是密文，因此需要对 DELETE 的条件进行加密，再交由数据库执行。常见的请求条件有判等条件、范围条件等。

（4）UPDATE 操作加密过程

UPDATE 的作用是将数据库中某些符合给定条件的字段替换成给定的值，因此 UPDATE 操作需要兼有两部分功能：一是根据要修改的字段类型进行不同的密文列扩充；二是根据请求条件类型进行不同的条件改写。

（5）SELECT 操作加解密过程

SELECT 的作用是将数据库中符合条件的记录返回给用户。不同于前面三种操作，SELECT 还涉及解密过程，需要将数据库中的密文信息解密后向用户展示。对于字段的查询，就转换成对该字段 EQ 列的查询，代理获取数据库执行结果之后，在代理端进行 AES 解密，将明文结果返回给用户。查询条件的处理和 DELETE、UPDATE 操作的原理相同。

（6）SUM操作加解密过程

SUM严格意义上说不是一种SQL操作，它只是SELECT操作的一种特殊情况，通过调用数据库内建的函数实现一些数学运算等特殊功能。但是，要支持密文和密文之间的 SUM 操作，就需要特殊处理这类请求。首先使用 SELECT 操作获得所请求字段的 CAL 列数据（数据都是密文），其次在代理端进行同态运算（结果仍是密文），最后进行同态解密，将得到的明文结果反馈给用户，如此就可以实现在不解密密文的情况下完成相关计算。

3.访问控制

访问控制模块是安全管控系统的另一个核心，负责对数据库的记录进行权限控制，只有满足访问控制策略的用户才有权限操作数据，如图5-9所示。

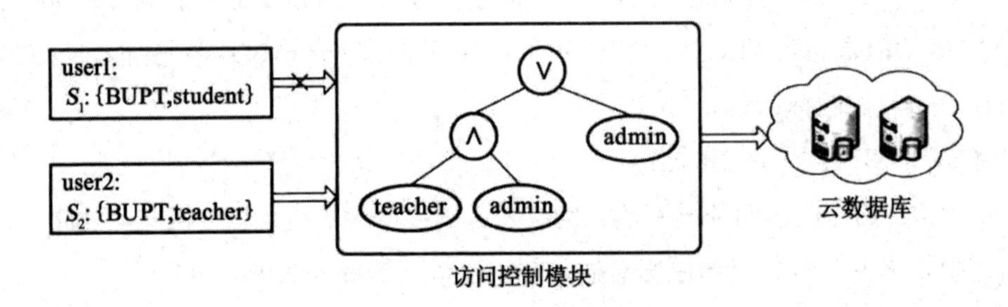

图5-9　访问控制模块示意图

访问控制策略为 admin$^{\vee}$（teacher$^{\wedge}$BUPT），意为当用户属性满足 admin 或者同时满足 BUPT 和 teacher 时，可以访问云数据库中的内容。user1 的属性为 BUPT 和 student，不满足属性，因此代理拒绝其访问请求；user2 的属性为 BUPT 和 teacher，满足条件，因此可以访问云数据库。

4.数据库交互

本质上数据库密文访问控制是一个代理，其输入的是用户提交的明文 SQL，通过一系列的加密、改写，最后拼接各个加密结果，输出密文 SQL，并将 SQL 请求提交给云数据库执行。

基于以上设计，可以实现对云数据库密文访问的有效控制。

参 考 文 献

[1] 安庆，廖倬跃，刘杰．网络安全与云计算[M]．秦皇岛：燕山大学出版社，2022.
[2] 董洁．计算机信息安全与人工智能应用研究[M]．北京：中国原子能出版社，2021.
[3] 杜彩凤．云计算与网络安全研究[M]．北京：北京工业大学出版社，2019.
[4] 方鹏．云计算技术与网络安全研究[M]．长春：吉林教育出版社，2020.
[5] 黄勤龙，杨义先．云计算数据安全[M]．北京：北京邮电大学出版社，2018.
[6] 江楠．计算机网络与信息安全[M]．天津：天津科学技术出版社，2021.
[7] 李春平．计算机网络安全及其虚拟化技术研究[M]．北京：中国商务出版社，2022.
[8] 刘颖，孙干超．云计算技术与计算机安全应用[M]．西安：西北工业大学出版社，2017.
[9] 苗春雨，杜廷龙，孙伟峰．云计算安全：关键技术、原理及应用[M]．北京：机械工业出版社，2022.
[10] 缪向辉．云计算管理关键技术及信息安全风险探究[M]．哈尔滨：东北林业大学出版社，2021.
[11] 祁亨年．云计算安全体系[M]．北京：科学出版社，2021.
[12] 宋俊苏．大数据时代下云计算安全体系及技术应用研究[M]．长春：吉林科学技术出版社，2020.
[13] 宋志峰，聂磊，罗洁晴．网络信息安全与云计算[M]．北京：北京工业大学出版社，2021.
[14] 孙磊，胡翠云，郭松辉．云计算安全技术[M]．北京：电子工业出版社，2023.
[15] 万李．新时代背景下云计算先进技术与创新发展研究[M]．北京：中国原子能出版社，2021.
[16] 吴国庆．网络信息安全与防护策略研究[M]．北京：中国原子能出版社，2021.
[17] 徐皓．云计算技术与计算机网络安全研究[M]．延吉：延边大学出版社，2020.
[18] 徐涛，孟祥和，何向真．云计算安全技术[M]．成都：电子科技大学出版社，2019.
[19] 余学锋．网络安全与信息化发展路径研究[M]．北京：社会科学文献出版社，2023.

[20] 张健鹏．网络信息安全基础概述[M]．北京：中国商务出版社，2021．
[21] 赵国祥，刘小茵，李尧．云计算信息安全管理：CSA C-STAR 实施指南[M]．北京：电子工业出版社，2015．
[22] 赵亮．云计算技术与网络安全应用[M]．成都：电子科技大学出版社，2017．